高职高专院校“十二五”精品示范系列教材（软件技术专业群）

ASP.NET（C#）网站开发

主　编　张志明　王　辉

副主编　陈炎龙　马金素　张一帆

中国水利水电出版社
www.waterpub.com.cn

内 容 提 要

本书由教学和教材编写经验丰富的一线教师编写，结合高职教学特点和要求，针对课程知识点的具体应用，提供相应的任务范例，详细介绍任务的操作步骤和原理。全书内容深入浅出、循序渐进、突出应用，具有很强的可读性和可操作性。本书从计算机基础知识和基本操作出发，以软件应用为主线，以案例驱动为手段，详细介绍了 ASP.NET 网站开发所必须的专业知识。并提供真实的企业网站开发案例进行综合训练，使得本书的全部内容形成有机整体，有助于学生的知识掌握。

本书既可作为高职院校计算机网络技术和信息管理专业理论与实践一体化教材，也可作为 ASP.NET 动态网站开发爱好者的自学教材。

本书提供代码和源文件，读者可以从中国水利水电出版社网站以及万水书苑下载，网址为：http://www.waterpub.com.cn/softdown 或 http://www.wsbookshow.com/。

图书在版编目（CIP）数据

ASP.NET(C#)网站开发 / 张志明，王辉主编. -- 北京 : 中国水利水电出版社，2014.1（2019.2 重印）
高职高专院校“十二五”精品示范系列教材. 软件技术专业群
ISBN 978-7-5170-1693-9

Ⅰ. ①A… Ⅱ. ①张… ②王… Ⅲ. ①网页制作工具－程序设计－高等职业教育－教材②C语言－程序设计－高等职业教育－教材 Ⅳ. ①TP393.092②TP312

中国版本图书馆CIP数据核字(2014)第015084号

策划编辑：祝智敏　责任编辑：杨元泓　加工编辑：刘晶平　封面设计：李　佳

书　名	高职高专院校“十二五”精品示范系列教材（软件技术专业群） ASP.NET（C#）网站开发
作　者	主　编　张志明　王　辉 副主编　陈炎龙　马金素　张一帆
出版发行	中国水利水电出版社 （北京市海淀区玉渊潭南路 1 号 D 座　100038） 网址：www.waterpub.com.cn E-mail：mchannel@263.net（万水） sales@waterpub.com.cn 电话：（010）68367658（发行部）、82562819（万水）
经　售	北京科水图书销售中心（零售） 电话：（010）88383994、63202643、68545874 全国各地新华书店和相关出版物销售网点
排　版	北京万水电子信息有限公司
印　刷	三河市鑫金马印装有限公司
规　格	184mm×240mm　16 开本　13.25 印张　288 千字
版　次	2014 年 1 月第 1 版　2019 年 2 月第 3 次印刷
印　数	6001—7000 册
定　价	29.00 元

编审委员会

序

为贯彻落实全国教育工作会议精神和《国家中长期教育改革和发展规划纲要（2010－2020年）》和《关于“十二五”职业教育教材建设的若干意见》（教职成〔2012〕9号）文件精神，充分发挥教材建设在提高人才培养质量中的基础性作用，促进现代职业教育体系建设，全面提高职业教育教学质量，中国水利水电出版社万水分社在集合大批专家团队、一线教师和技术人员的基础上，组织出版“高职高专院校‘十二五’精品示范系列教材（软件技术专业群）”职业教育系列教材。

在高职示范校建设初期，教育部就曾提出：“形成500个以重点建设专业为龙头、相关专业为支撑的重点建设专业群，提高示范院校对经济社会发展的服务能力。”专业群建设一度成为示范性院校建设的重点，是学校整体水平和基本特色的集中体现，是学校发展的长期战略任务。专业群建设要以提高人才培养质量为目标，以一个或若干个重点建设专业为龙头，以人才培养模式构建、实训基地建设、教师团队建设、教学资源库建设为重点，积极探索工学结合教学模式。本系列教材正是为配合专业群建设的开展而推出，围绕软件技术这一核心专业，辐射学科基础相同的软件测试、移动互联应用和软件服务外包等专业，有利于学校创建共享型教学资源库，培养“双师型”教师团队，建设开放共享的实验实训环境。

此次精品示范系列教材的编写工作力求：集中整合专业群框架，优化体系结构；完善编者结构和组织方式，提升教材质量；项目任务驱动，内容结构创新；丰富配套资源，先进性、立体化和信息化并重。本系列教材的建设有如下几个突出特点：

（1）集中整合专业群框架，优化体系结构。联合河南省高校计算机教育研究会高职高专专业委员会及20余所高职院校专业教师共同研讨、制定专业群的体系框架。围绕软件技术专业，囊括具有相同工程对象和相近技术领域的软件测试、移动互联应用和软件服务外包等专业，采用“平台+模块”的模式，构建专业群建设的课程体系。将各专业共性的专业基础课作为“平台”，各专业的核心专业技术课作为独立的“模块”。统一规划的优势在于，既能规避专业内多门课程中存在重复或遗漏知识点的问题，又能在同类专业间优化资源配置。

（2）专家名师带头，教产结合典范。课程教材研究专家和编者主要来自于软件技术教学领域的专家、教学名师、专业带头人，以最新的教学改革成果为基础，与企业技术人员合作，共同设计课程，采用跨区域、跨学校联合的形式编写教材。编者队伍具有多年的教育教学经验及教产结合经验，并对教育部倡导的职业教育教学改革精神理解得透彻准确，准确地对相关专业的知识点和技能点进行横向与纵向设计，把握创新型教材的定位。

（3）项目任务驱动，内容结构创新。软件技术专业群的课程设置以国家职业标准为基础，以软件技术行业工作岗位群中的典型事例提炼学习任务，体现重点突出、实用为主、够用为度的原则，采用项目驱动的教学方式。项目实例典型、应用范围较广，体现了技能训练的针对性，突出实用性，体现“学中做”、“做中学”，加强理论与实践的有机融合；文字叙述浅显易懂，增强了教学过程的互动性与趣味性，相应地提升教学效果。

（4）资源优化配套，立体化信息化并重。每本教材编写出版的同时，几乎都配套制作电子教案；大部分教材还相继推出补充性的教辅资料，包括专业设计、案例素材、项目仿真平台、模拟软件、拓展任务与习题集参考答案。这些动态、共享的教学资源都可以从中国水利水电出版社及万水书苑的网站上免费下载，为教师备课、教学以及学生自学提供更多、更好的支持。

教材建设是提高职业教育人才培养质量的关键环节，本系列教材是近年来各位编写教师及所在学校、教学改革和科研成果的结晶，相信其推出将对推动我国高职电子信息类软件技术专业群的课程改革和人才培养发挥积极的作用。我们感谢各位编者为教材的出版所做出的贡献，也感谢中国水利水电出版社万水分社为策划和编审所做出的努力。最后，由于该系列教材覆盖面广，在组织编写的过程中难免有不妥之处，恳请广大读者多提宝贵建议，使其不断完善。

教材编审委员会

2013 年 12 月

前　言

随着社会信息化程度的不断提高和电子商务在各行业的广泛运用，企业越来越重视企业动态和产品的信息推广，各行各业普遍开设了自己的门户网站和公司主页。动态网站开发技术已经成为计算机类专业毕业生所必须掌握的专业技术之一。而基于微软公司.NET 平台的 ASP.NET 开发工具是初学动态网站开发的理想选择。

本书从动态网站开发实际需求出发，本着高职教育“必须，够用”的原则，所用教学内容结合案例教学展开。合理安排知识结构，从网站开发基础知识开始，由浅入深、循序渐进地讲解了 Visual Studio 软件安装、网站服务器搭建、常用控件使用、ADO.NET 数据访问、文件处理和网站外观设计等内容。并在本书的最后一章，结合企业实际案例进行教程知识点的综合训练。本书共分为 10 章：第 1 章 ASP.NET 开发环境；第 2 章 常用标准控件；第 3 章 数据验证控件；第 4 章 ADO.NET 数据访问；第 5 章 ADO.NET 数据显示控制；第 6 章 ASP.NET 内置对象；第 7 章 文件处理；第 8 章 外观设计；第 9 章 页面导航；第 10 章 综合实例编程。

本书图文并茂、条理清晰、通俗易懂，在讲解每个知识点时都配有相应的实例，方便读者上机实践。同时，在难以理解和掌握的部分内容上给出相应介绍，让读者能够在充分理解知识点的基础上，快速提高操作技能。此外，本书在各个章节结尾处配有知识拓展，让读者在该章节内容巩固提高的基础上，对未来章节内容有一定的接触，起到良好的承上启下的作用。

本书由河南牧业经济学院张志明、王辉任主编，陈炎龙、马金素、张一帆任副主编。其中，王辉编写了第 1 章和第 9 章；张志明编写了第 4 章和第 6 章；陈炎龙编写了第 2 章和第 3 章；张一帆、李建荣编写了第 5 章和第 10 章；马金素编写了第 7 章和第 8 章。同时，武茜、段红玉、郝玉东、吴慧玲也参与了本书部分编写工作。在本书的编写过程中，参阅了大量的文献和著作，并得到了学院领导、专家和广大老师的鼎力支持，在此深表感谢。

由于编者水平有限，时间仓促，不妥之处在所难免，衷心地希望广大读者批评指正。本书应用了大量的网络和书本资料，个别参考文献可能没有一一显示在参考文献中，敬请作者谅解。

编　者

2013 年 12 月

目　录

1

ASP.NET 开发环境

【学习目标】

通过本章知识的学习，读者首先对 Web 基础知识有些初步了解；在此基础上，学习、掌握 ASP.NET 开发环境的安装、配置、测试方法，并利用 Visual Studio 2008 开发环境创建一个动态网站。通过本章内容的学习，读者可以达到以下学习目的：

- 了解 Web 系统三层结构的含义。
- 掌握 IIS、Framework 和 Visual Studio 的安装方法。
- 掌握 ASP.NET 网站开发环境的配置方法。
- 了解 ASP.NET 网站页面处理过程。

1.1 情景分析

ASP.NET（Active Server Pages.NET）作为当前最为流行的动态网站开发工具之一，具有可管理性强、安全系数高、易于部署等诸多优点。但不少初学者往往面对配置信息服务（Internet Information Services，IIS）、.NET 框架结构（.NET Framework）和虚拟目录不知所措，在安装 ASP.NET 开发环境时屡试不爽，经历几次反复失败后，渐渐放弃了这款优秀的开发工具。其实 IIS、.NET Framework 和虚拟目录，以及 Visual Studio 的安装和配置并不复杂，只要掌握正确的安装顺序和配置方法，还是相当容易的。

通过对本章内容的学习，读者可以掌握 ASP.NET 网站环境设置的相关知识，并能够成功创建动态显示用户姓名的 ASP.NET 网站，效果如图 1-1 所示。

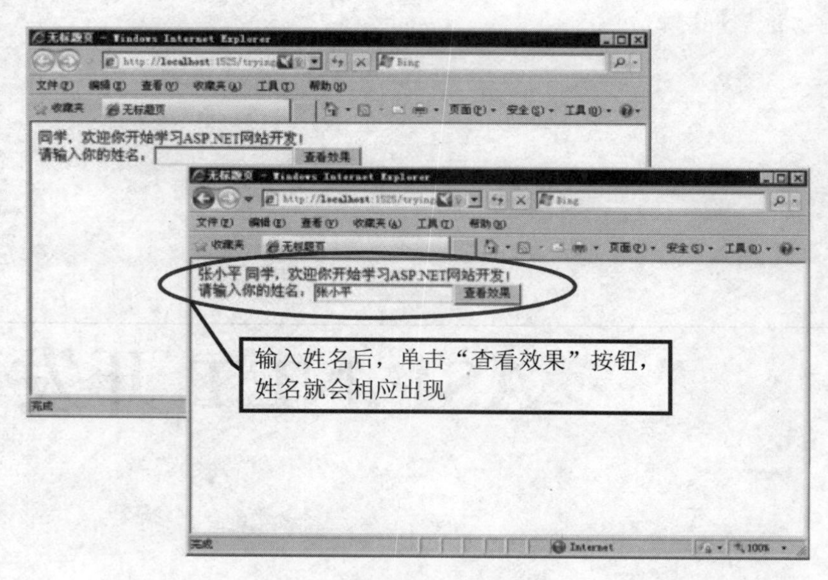

图 1-1 网站运行效果

1.2 Web 基础知识

1.2.1 C/S 结构和 B/S 结构

C/S（Client/Server，客户机/服务器结构）是软件系统的体系结构，通过它可以充分利用 Client 端和 Server 端硬件环境的优势，将任务合理分配到两端来实现，有效降低了系统的通信开销。目前大多数应用软件系统都是 C/S 形式的两层结构。现在的应用软件系统也正在向分布式的 Web 应用发展，由于 Web 和 C/S 应用都可以进行同样的业务处理，只是应用不同的模块共享逻辑组件。因此，内部的和外部的用户都可以访问新的和现有的应用程序，通过现有应用系统中的逻辑可以扩展出新的应用系统。这也是目前应用系统的发展方向。

B/S（Browser/Server，浏览器/服务器）结构是随着 Internet 技术的兴起，对 C/S 结构的一种变化或者改进的结构。在这种结构下，用户工作界面通过 WWW 浏览器来实现，极少部分事务逻辑在前端（Browser）实现，而主要事务逻辑在服务器端（Server）实现，形成三层结构。这样就大大简化了客户端计算机的负担，减轻了系统维护与升级的成本和工作量。

C/S 结构是建立在局域网的基础上的，而 B/S 结构则主要是建立于广域网的基础上的。以目前的网络发展和开发技术来看，采用 B/S 结构通过 Internet/Intranet 模式进行数据库访问的网络应用，能够实现不同接入方式（如 LAN、WAN、Internet/Intranet 等）访问和操作，在系统开发难易程度、数据库安全以及系统后期维护等多个方面具有明显优势。

1.2.2 Web 系统三层架构

Web 系统的三层架构是将系统的整个业务应用划分为表示层、业务逻辑层和数据访问层，如图 1-2 所示。层与层之间相互独立，任何一层的改变不影响其他层的功能。这样有利于系统的开发、维护、部署和扩展。

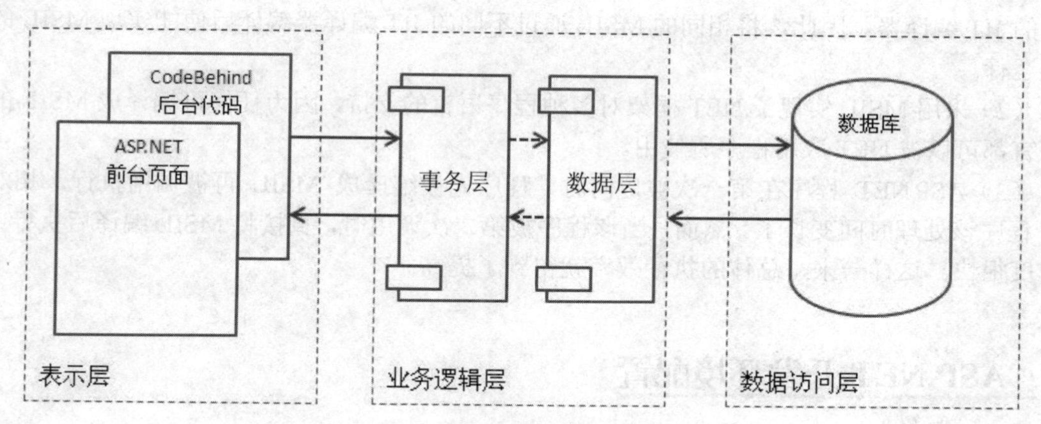

图 1-2　Web 系统三层架构示意图

（1）表示层：负责直接与用户进行交互，一般也指系统界面，用于数据输入和显示等。

（2）业务逻辑层：负责数据有效性验证工作，以便更好地保证程序运行的健壮性，如数据输入时的格式、值域验证等。

（3）数据访问层：负责与后台数据库进行交互，执行数据的添加、修改和删除等。

1.2.3 ASP.NET 工作原理

ASP.NET 作为网络应用程序开发的新一代语言，它的工作原理是基于网络传输的，符合 Web 系统三层架构特点。

为了方便介绍 ASP.NET 的工作原理，下面首先介绍传统 ASP 应用程序的工作原理，如图 1-3 所示。客户端通过浏览器向 Web 服务器提出访问请求，Web 服务器向数据库服务器发出操作请求，数据库服务器对数据进行相应处理，把数据返回到 Web 服务器，Web 服务器将最终结果返回给客户端。此过程也是典型动态网页工作的原理。

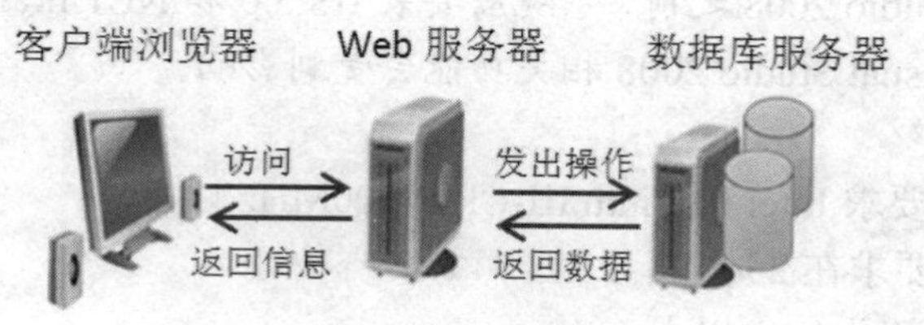

图 1-3　ASP 应用程序工作原理

ASP.NET 同样采用上述工作方式，不同的是 ASP.NET 程序在被访问时要先编译成 MSIL（Microsoft Intermediate Language）语言，然后，MSIL 再被编译成机器码执行。MSIL 包含装载、初始化、调用对象的方法等指令及操作，与机器码十分接近，具有很快的执行速度。使用 MSIL 有以下几个方面的好处：

（1）通过 JIT（Just In Time）编译器将 MSIL 编译成机器码，因为不同的计算机系统支持不同的 JIT 编译器。因此，将相同的 MSIL 通过不同的 JIT 编译器编译后便能实现 MSIL 的跨平台运行。

（2）采用 MSIL 实现了.NET 框架对多种程序语言的支持，因为任何可编译成 MSIL 的程序语言都可以被.NET 应用程序所使用。

（3）ASP.NET 程序在第一次被访问时，程序先被编译成 MSIL 再被调用执行，相对于 ASP 程序该处理时间变长了。然而，当该程序被第二次调用时，直接将 MSIL 编译后执行，执行速度很快。这样一来，总体的执行效率就得到了提高。

1.3 ASP.NET 开发环境配置

1.3.1 ASP.NET 的运行环境

1. 软件环境

（1）操作系统。Windows 2000 Professional/Server、Windows XP Professional、Windows 7 家庭高级版，或者其他 Windows 高级版本。考虑到多方面的条件限制，本书采用 Windows XP Professional 操作系统。

（2）服务器软件。Internet Information Services（IIS）5.0、.NET Framework 2.0、Microsoft Data Access Components（MDAC）或者以上软件的高级版本。本书采用 IIS 5.0，.NET Framework 3.5 和 MDAC 2.8 版本。

（3）客户端软件。Internet Explorer（IE）6.0 或者以上版本均可。本书采用 IE 8.0 版本。

提示：

- Windows XP Home、Windows 7 家庭普通版不支持本地 Web 应用程序开发。
- Windows 2000 Datacenter Server 系统不能安装 Visual Studio 2008。
- 安装 Visual Studio 2008 之前，系统应安装 IIS 5.0 和.NET Framework 2.0，或者更高版本；否则，Visual Studio 2008 相关功能会受到影响。

2. 硬件环境

（1）CPU。CPU 要求 Intel Pentium III-Class 600MHz 以上。

（2）内存。内存要求在 256MB 以上。

（3）磁盘。磁盘空间 4GB 以上。

上述硬件环境为 ASP.NET 正常运行的最低要求，为了提高开发效率，建议读者采用高性能 CPU 和较大容量内存的计算机。

1.3.2　安装 IIS 服务

IIS（Internet Information Services）是 Windows 平台集成的重要的 Web 技术。它的可靠性、安全性和可扩展性都表现得非常出色，并能够很好地支持多个 Web 站点，是 Microsoft 公司主推的 Web 服务器。IIS 提供了最简捷的方式来共享信息、建立并部署企业应用程序，建立和管理 Web 网站。通过 IIS 用户可以轻松地测试、发布、应用和管理自己的 Web 页面和 Web 站点。

一般情况下，服务器版的 Windows 操作系统中，IIS 会作为系统组件预装在计算机里，而非服务器版的 Windows 需要读者自行安装。IIS 的安装其实很简单，大约需要几分钟时间即可完成。下面以 Windows XP 为例介绍 IIS 5.0 的安装步骤。

（1）将 Windows XP 系统光盘放入光盘驱动器。

（2）选择“开始”→“设置”→“控制面板”命令，在“控制面板”窗口中双击“添加或删除程序”图标，打开“添加或删除程序”窗口，如图 1-4 所示。

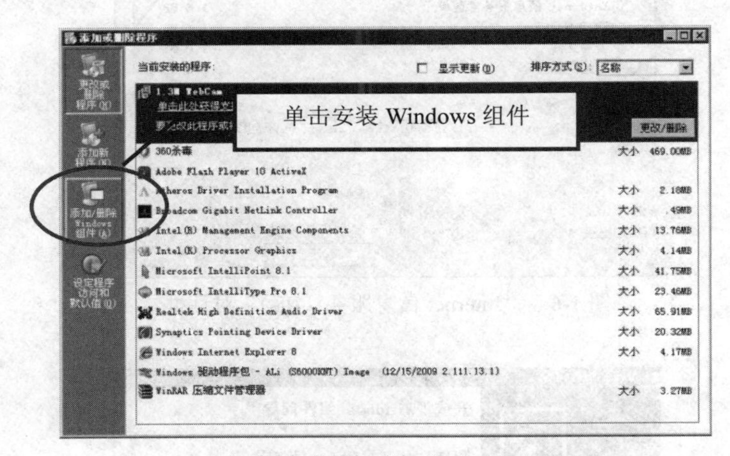

图 1-4　“添加或删除程序”窗口

（3）单击“添加或删除程序”窗口左侧的“添加/删除 Windows 组件”按钮，弹出“Windows 组件向导”对话框。选中“Internet 信息服务（IIS）”复选框，如图 1-5 所示。

（4）单击“详细信息”按钮，查看 IIS 详细信息，如图 1-6 所示。

（5）连续单击两次“确定”按钮，即可完成 IIS 的安装，如图 1-7 所示。

IIS 安装后，用户可以通过“控制面板”→“管理工具”进行验证。若“管理工具”中出现“Internet 信息服务”图标，即表示 IIS 安装成功。

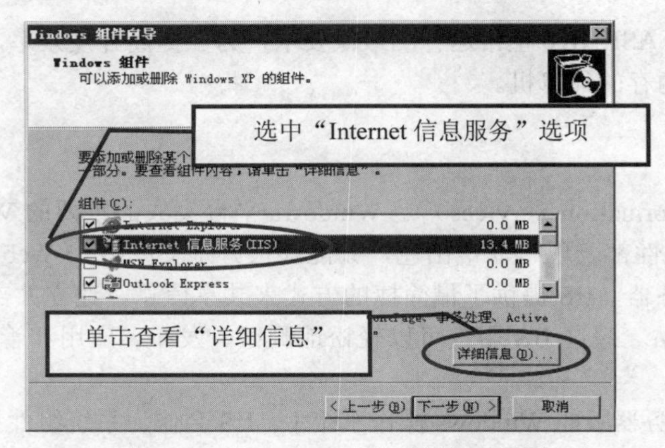

Chapter 1

图 1-5 “Windows 组件向导”对话框

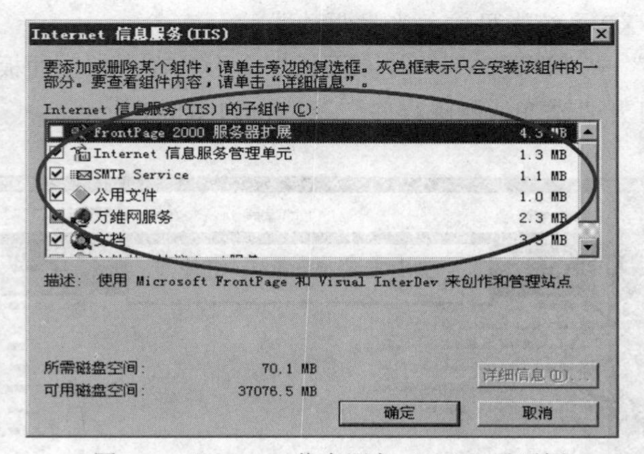

图 1-6 “Internet 信息服务（IIS）”对话框

图 1-7 IIS 服务安装完成

1.3.3　安装.NET Framework

.NET Framework 是.NET 平台的核心，它主要由两部分组成：公共语言运行库（Common Language Runtime，CLR）和.NET Framework 类库（Framework Class Library，FCL）。.NET Framework 的组成如图 1-8 所示。

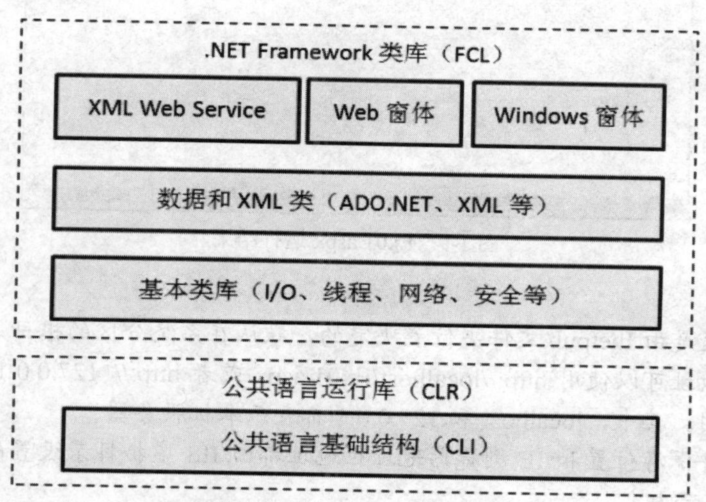

图 1-8　.NET Framework 的组成

IIS 服务安装完成后，为了支持 ASP.NET 程序，还必须安装.NET Framework，用户可到 Microsoft 网站下载。用户如果安装了 Visual Studio 2008，则会自动安装.NET Framework 3.5。由于.NET Framework 的安装简单，在此不再赘述。需要提醒用户的是，安装.NET Framework 之前，应首先安装 IIS。

1.3.4　测试 ASP.NET 环境

安装了 IIS 服务和.NET Framework 后，系统就具备了运行 ASP.NET 应用程序的环境，下面通过运行一个简单的 ASP.NET 程序来进行环境测试。

【例 1-1】使用记事本创建第一个 ASP.NET 程序（Ex01.aspx）。

```
<%@Page Language="C#"%>
<%
    Response.Write("这是一个 ASP.NET 环境测试程序。");
%>
```

把文件保存为 Ex01.aspx（.aspx 是 ASP.NET 网页文件的扩展名），并移动到“C:\inetpub\wwwroot”目录下。打开 IE 浏览器，在地址栏里输入 http://localhost/Ex01.aspx，单击“转到”按钮，运行效果如图 1-9 所示。

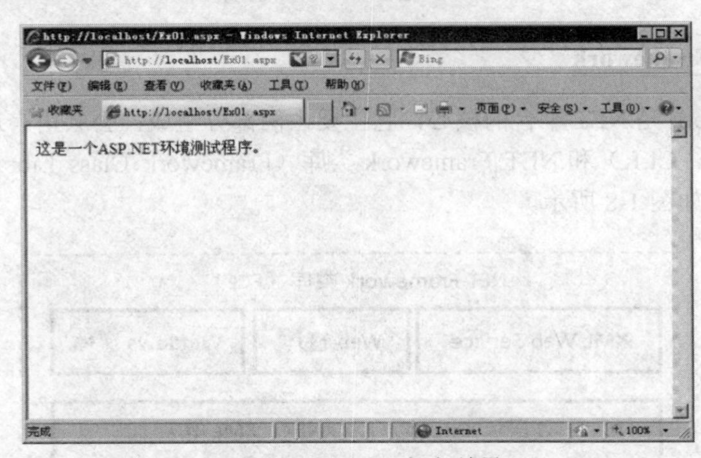

图 1-9　Ex01.aspx 运行结果

提示：

- 文件位置是由 Inetpub 文件夹位置决定的，默认在系统分区的根目录。
- 浏览器地址可以使用 http://localhost/Ex01.aspx 或者 http:// 127.0.0.1/Ex01.aspx，两者作用相同。其中，localhost 和 127.0.0.1 都表示本机服务器。
- 网页文件保存位置和 IE 浏览器地址栏地址都由 IIS 虚拟目录设置而定，详细内容请参考 1.5 节内容。

1.3.5　安装 Visual Studio

开发 ASP.NET 应用程序可以通过多种工具实现，如 Dreamweaver、文本编辑工具等。但作为 ASP.NET 主流开发工具的 Visual Studio（VS），它提供了非常优秀的设计和开发环境，集成了 Visual C#、Visual J#、Visual C++、Visual Basic 四种内置开发语言，有助于创建混合语言解决方案。

目前，市场上主要存在 VS 2005、VS 2008 和 VS 2010 多种型号，而每种型号又细分为精简版、标准版、专业版和团队协作版等不同版本。根据教学的需要，本书所有内容均采用 VS 2008 专业版来进行讲述。

下面以 VS 2008 安装为例介绍 VS 的安装方法。

（1）安装完 IIS 服务和.NET Framework 之后，就可以开始安装 Visual Studio 了。双击安装光盘中的 Setup.exe 文件，安装程序首先对操作系统的配置进行检测，通过检测就会出现如图 1-10 所示窗口。

（2）单击“安装 Visual Studio 2008”链接，打开 VS 2008 安装程序起始页。选择“我已阅读并接受许可条款(A)”复选框，输入产品密钥和名称，如图 1-11 所示。

（3）单击“下一步”按钮，打开 VS 2008 安装程序功能选择界面，在“选择要安装的功能(S)”中选择“自定义”单选按钮，如图 1-12 所示。

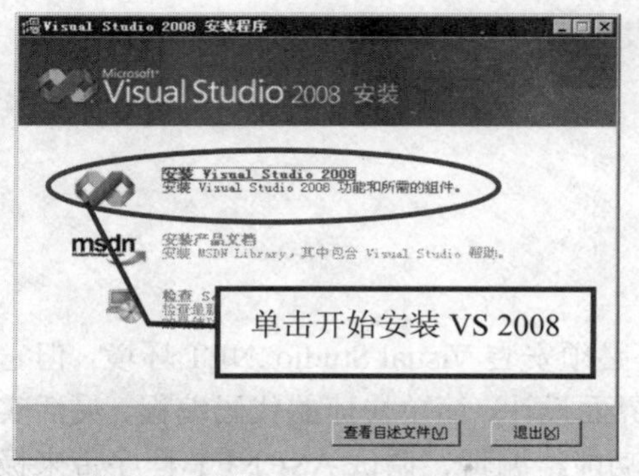

图 1-10　启动 VS 2008 安装程序

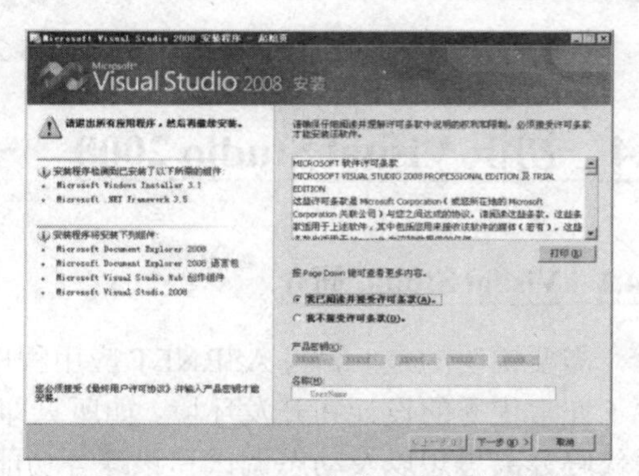

图 1-11　VS 2008 安装程序起始界面

（4）单击“下一步”按钮，打开 VS 2008 安装程序功能选项界面，读者可根据需要选择相应功能。本书根据教学内容要求选择了“Visual C#”、“Visual Web Developer”语言工具和其他几个选项，如图 1-13 所示。

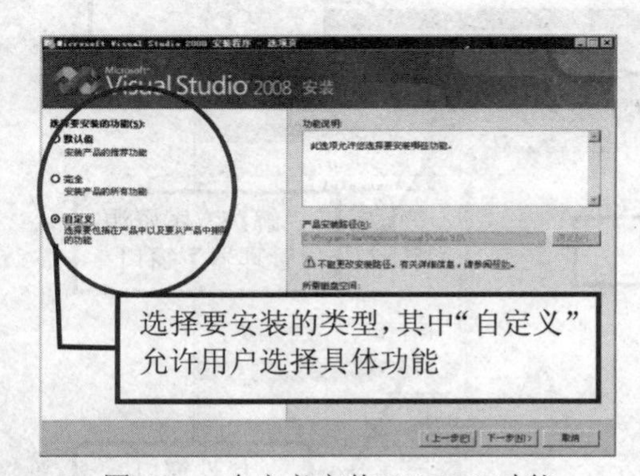

图 1-12　自定义安装 VS 2008 功能

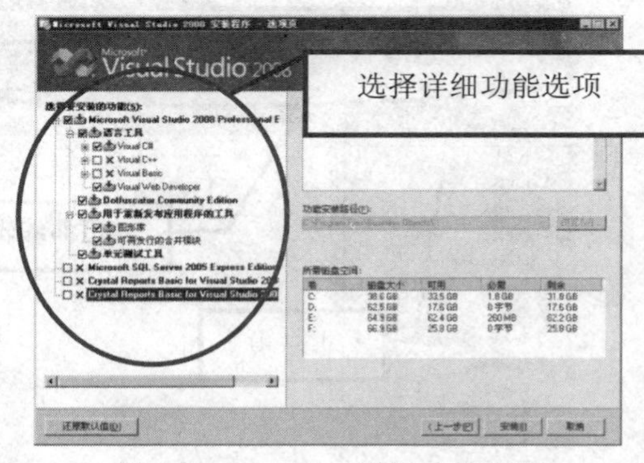

图 1-13　VS 2008 详细功能选项

（5）单击“安装”按钮，就开始进行安装 VS 2008，如图 1-14 所示。几分钟过后，系统会提示软件安装成功，如图 1-15 所示。

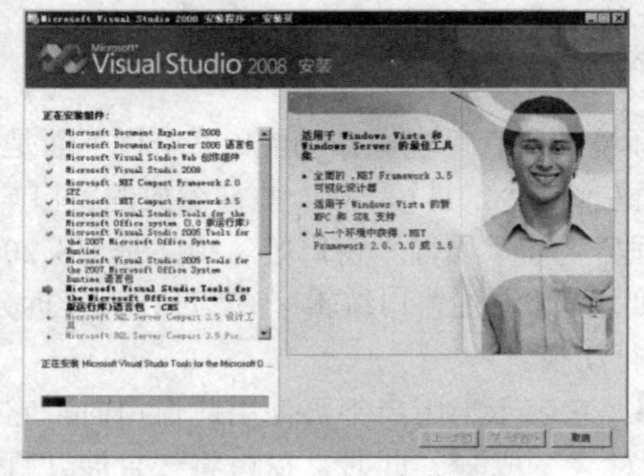

图 1-14　VS 2008 安装进程

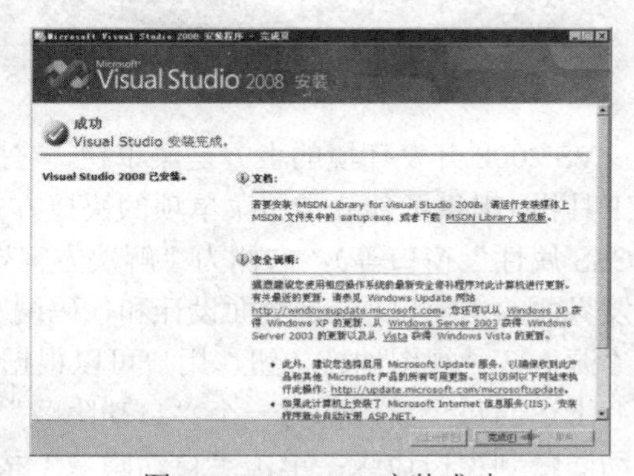

图 1-15　VS 2008 安装成功

（6）单击“完成(F)”按钮，完成 VS 2008 开发环境的安装。

1.4 初识 Visual Studio 2008

1.4.1 Visual Studio 简介

需要说明的是，编写 ASP.NET 应用程序并不是必须安装 Visual Studio .NET 环境，但它提供了非常优秀的设计和开发环境。如所见即所得的界面设计、简单快捷的代码编程、灵活实用的代码分离思想以及动态调试和跟踪等功能，这些功能给编辑、调试 ASP.NET 程序带来极大的方便。

下面以 Default.aspx 界面为例介绍 VS 2008 开发环境，如图 1-16 所示。

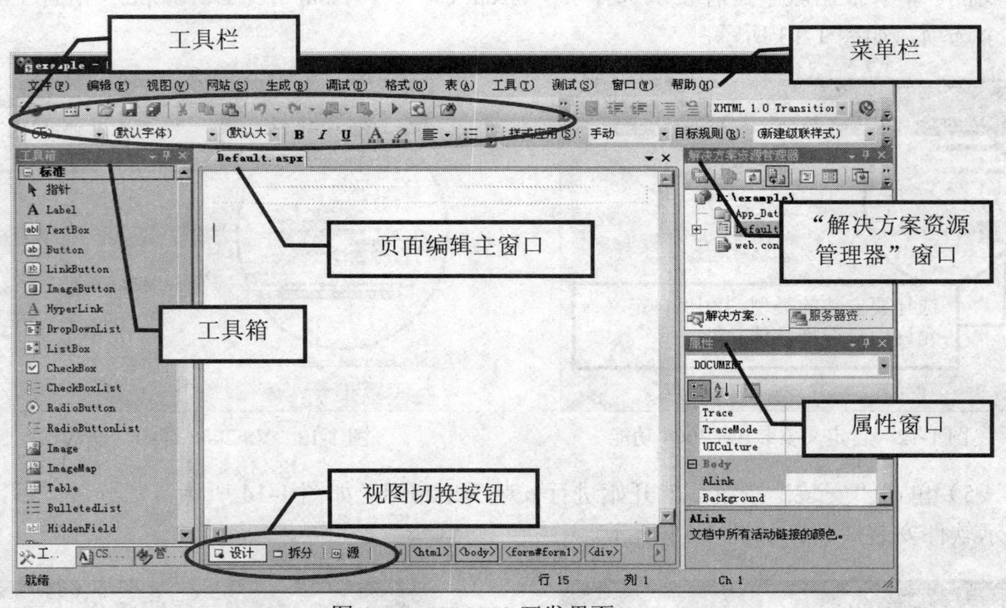

图 1-16 VS 2008 开发界面

VS 2008 开发环境的上方是菜单栏，它提供该环境的所有可视操作功能。菜单栏下面是两组工具栏，提供了部分常用菜单项的快捷方式。界面左侧有“工具箱”和一些被缩放的窗口（如“CSS 属性”窗口等），右侧为“解决方案资源管理器”和“属性”窗口等。中间是 VS 2008 开发界面的主窗口，它是页面设计和代码编写的主要场所。在主窗口编辑区有“设计”、“拆分”和“源”三种视图切换按钮，用户可以根据需要进行切换。

上述的每个窗口都有一个“自动隐藏”按钮，它表示当用户不再使用此窗口时，它会自动隐藏到窗口边缘；单击“自动隐藏”按钮，图标会变成。此时，窗口将一直展开直到用户再次单击它为止。用户若不需要此窗口也可以单击“关闭按钮”☒，将其关闭。

这些窗口可以自由设置、调整、组合，大大方便了开发编程工作，下面介绍几个比较常用的窗口。

1. “工具箱”窗口

在 VS 2008 开发环境中，工具箱窗口主要包含了分类显示的各种控件列表。在设计 Web 窗体界面时，可以直接通过拖放（或双击）工具箱中的控件来实现控件添加。

2. “解决方案资源管理器”窗口

在 VS 2008 中，属于同一应用程序的一组称为解决方案。“解决方案资源管理器”窗口显示了每个项目的树状列表，包括各个项目的引用和组件。该窗口顶部有一系列按钮，这些按钮根据所选项目不同而显示不同。通过这些按钮用户可以查看项目中的所有文件、文件属性、文件代码和视图设计器操作等。

3. “属性”窗口

在设计 Web 窗体应用程序界面时，读者可以直接通过“属性”窗口来设置所选控件的属性，省去了编写代码的繁琐，提高了系统开发效率。

1.4.2 创建 ASP.NET 网站

通过前面章节的学习，读者对 ASP.NET 已经有了初步了解。下面利用 VS 2008 开发一个简单 Web 应用程序实例，来简要说明 VS 2008 的使用方法。

【例 1-2】创建一个基于 Visual C#语言的 ASP.NET 网站，保存到 D:\try 目录下。

（1）选择“开始”→“程序”→“Microsoft Visual Studio 2008”→“Microsoft Visual Studio 2008”命令启动 VS 2008 应用程序，打开 VS 起始页，如图 1-17 所示。

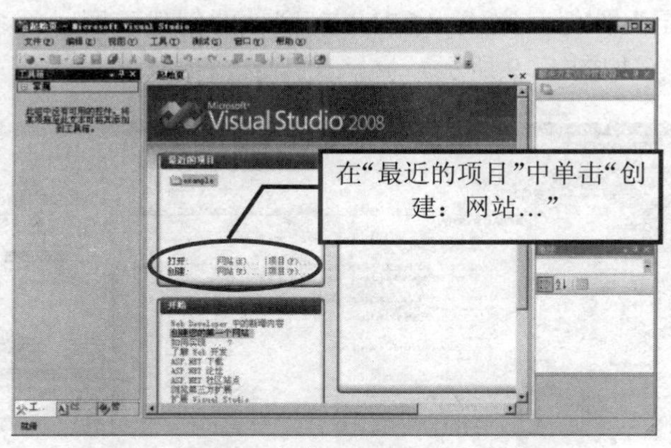
Visual Studio 2008
在“最近的项目”中单击“创建：网站…”

图 1-17 启动 VS 2008 应用程序

（2）单击“最近的项目”中“创建：网站…”链接，或者选择“文件”→“新建网站（W）…”菜单命令，弹出“新建网站”窗口。在“模板（T）”项中选择“ASP.NET 网站”，“位置（L）”

选择“文件系统”项，“语言(G)”选择“Visual C#”项，并修改网站保存位置为 D:\trying 目录，如图 1-18 所示。

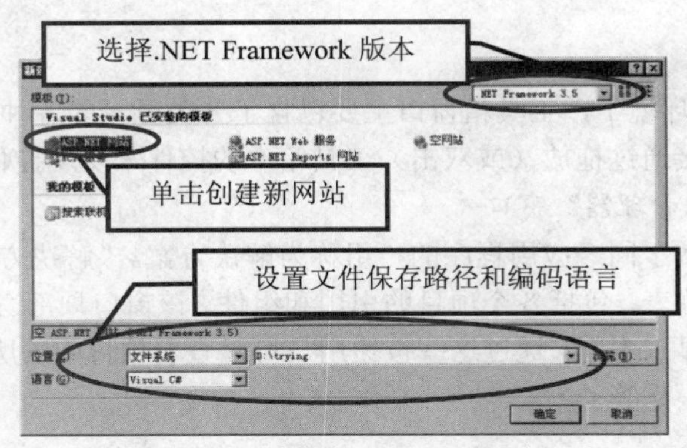

图 1-18 新建 ASP.NET 网站

提示：

- VS 2008 新建项目支持多版本.NET Framework，除了支持.NET Framework 3.5 外，还支持早期多种版本。本书实例按.NET Framework 3.5 版本讲解。
- 在 VS 环境中，一个 Web 网站就是一个 Web 应用程序，由于应用的目的不同，在 VS 2008 环境下允许创建 3 种类型的网站：文件系统站点、HTTP 站点和 FTP 站点。其中，文件系统站点最适合网站调试和学习时使用。
- 新建网站时，如果没有相应的模板项，可以尝试以下操作：执行“开始”→“程序”→“Microsoft Visual Studio 2008”→“Visual Studio Tools”→“Visual Studio 2008 命令提示”命令，然后运行“devenv.exe /InstallVSTemplates”。

（3）单击“确定”按钮，完成 ASP.NET 网站的创建。同时，系统会自动生成并打开 Default.aspx 网页文件，如图 1-19 所示。

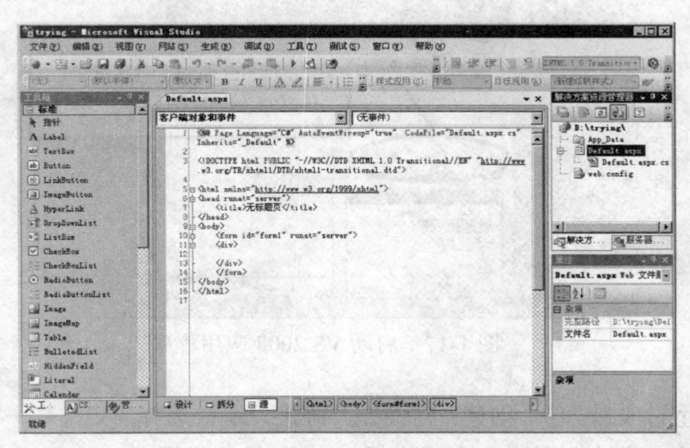

图 1-19 ASP.NET 网站创建成功

网站创建完成后，系统会自动创建 Default.aspx、Default.aspx.cs 和 Web.config 三个系统文件，以及 App_Data 系统文件夹。其中，Default.aspx.cs 是 Default.aspx 的关联文件，用于保存页面的后台代码，而 Default.aspx 主要从事页面设计，这也是 ASP.NET 代码分离思想在网站开发过程中的主要表现之一。App_Data 文件夹应包含应用程序的本地数据存储，通常以文件（诸如 Access、SQL Server 数据库等）形式保存。这些文件在图 1-20 右侧的“解决方案资源管理器”窗口中都有体现。

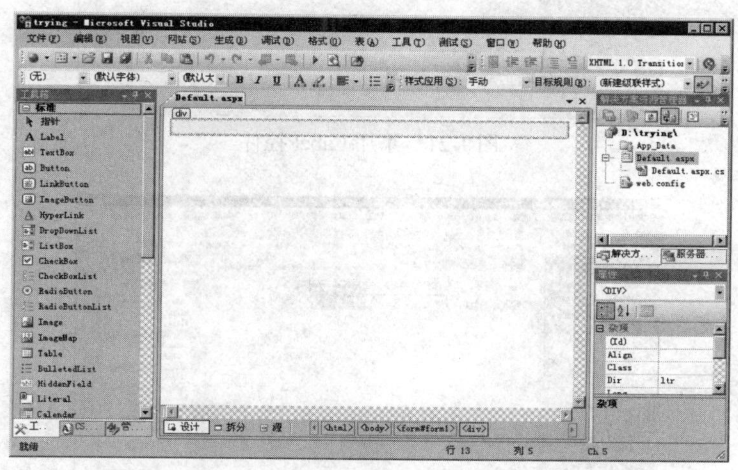

图 1-20　Default.aspx 页面视图

1.4.3　创建 Web 页面

完成 ASP.NET 网站的创建后，接下来的工作就是创建 Web 页面了。通常，一个 ASP.NET 网页由可视元素文件和逻辑编程文件组成。可视元素文件（扩展名为.aspx）包括网页元素的标记、服务器控件和静态元素等内容；逻辑编程文件（扩展名为.aspx.cs）包括事件处理程序和其他程序代码。

【例 1-3】在 trying 网站中创建 Default 页面，实现在文本框中输入用户姓名，单击“查看效果”按钮后，用户姓名动态地添加到欢迎语句（Default.aspx）。

（1）单击页面主窗体中的“设计”视图切换按钮，把图 1-19 中的“源”视图方式切换到设计视图，如图 1-20 所示。

（2）从工具箱的“标准”类中拖动 Label 控件到页面，或者双击 Label 控件，将其属性窗口的控件“（ID）”属性改为“lblname”，Text 属性值删除；在 Label 控件后面输入“同学，欢迎你开始学习 ASP.NET 网站开发！”，如图 1-21 所示。

（3）按 Enter 键换行，输入“请输入你的姓名：”。再按步骤（2）的方法分别添加一个 TextBox 和 Button 控件，设置 TextBox 控件的 ID 属性为 txtname，Button 控件的 Text 属性为“查看效果”，如图 1-22 所示。

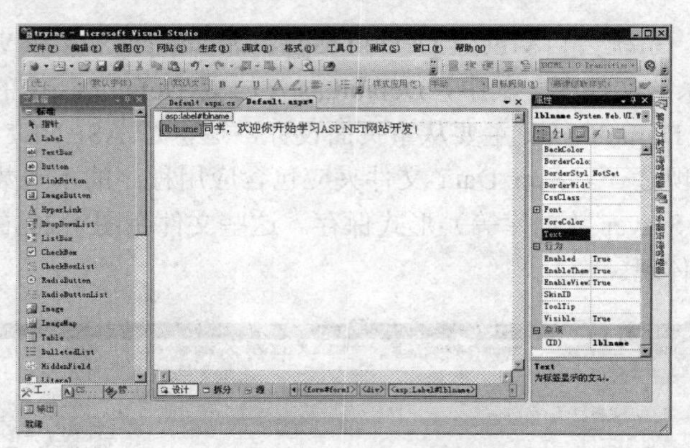

图 1-21　添加 Label 控件

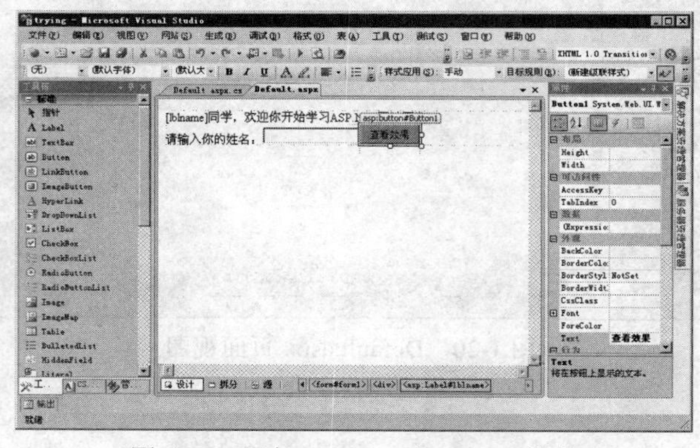

图 1-22　添加 TextBox 和 Button 控件

（4）双击“查看效果”按钮，打开代码文件 Default.aspx.cs 编辑窗口，将光标定位在 Button1_Click 事件内，输入下面代码，如图 1-23 所示。

```
lblname.Text = txtname.Text;
```

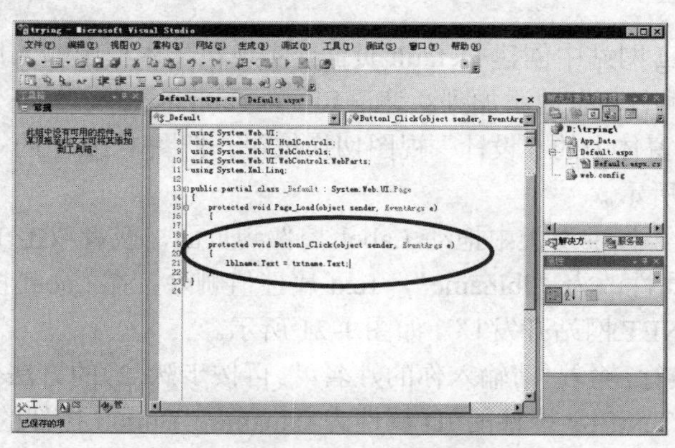

图 1-23　Default.aspx.cs 编辑窗口

（5）保存文件，选择“调试”→“启动调试（S）”菜单命令，或者按 F5 键运行 Web 应用程序调试。这时系统会提示添加网站 Web.config 配置文件，如图 1-24 所示。

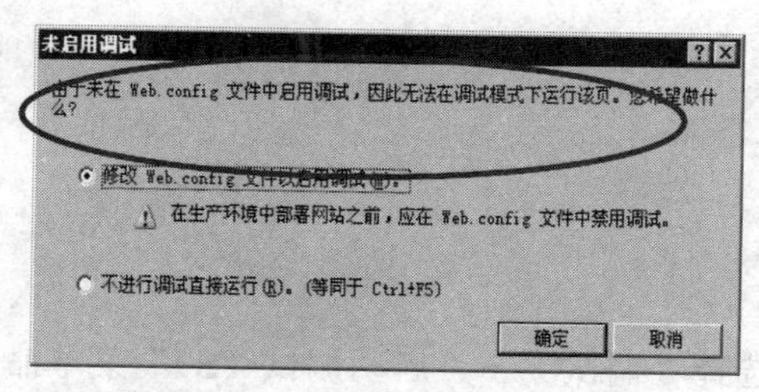

图 1-24 添加 Web.config 配置文件

（6）选择“修改 Web.config 文件以启用调试”项，单击“确定”按钮，打开 IE 浏览器窗口，运行结果如图 1-1 所示。

该案例中的页面由两个文件组成，即 Default.aspx 页面文件和 Default.aspx.cs 事件代码文件。Default.aspx 中的主要内容（源代码）如下：

```
<asp:Label ID="lblname" runat="server"></asp:Label>
同学，欢迎你开始学习 ASP.NET 网站开发！<br />
请输入你的姓名：<asp:TextBox ID="txtname" runat="server"></asp:TextBox>
<asp:Button ID="Button1" runat="server" onclick="Button1_Click" Text="查看效果" />
```

程序说明：

- Label、TextBox 和 Button 控件的 runat 属性值为"server"，表示该控件在 Server 端执行，控件属于服务器控件。
- 控件的 ID 属性是控件的唯一标识，相当于身份证号的作用。如果程序代码中要引用该控件，就必须知道控件的 ID 属性。
- 控件的 Text 属性是控件所要显示的内容，而非控件标识，且允许为空值。
- Button 控件中的 onclick 属性值表示控件被单击时所要激发的后台事件名称。

Default.aspx.cs 文件中的主要内容（事件代码）如下：

```
public partial class _Default : System.Web.UI.Page
{
    protected void Page_Load(object sender, EventArgs e)
    {
    }
    protected void Button1_Click(object sender, EventArgs e)
    {
        lblname.Text = txtname.Text;
    }
}
```

代码说明：

- 该页面中有 Page_Load 和 Button1_Click 两个事件，前者是网页加载时所要激发的事件，后者是 Button1 控件单击时要激发的事件。若事件内容为空，则表示没有任何事件被激发。

- Button1_Click 事件代码的含义是，Lblname 控件的 Text 属性被赋值为 Txtname 控件的 Text 属性值。

1.5 知识拓展

1.5.1 创建虚拟目录

在 VS 2008 环境下，选择“调试”→“启动调试（S）”菜单命令或者按 F5 键都可以调试网站，但在调试网站的同时，读者不能对网站内容进行编辑。而且，利用这种调试方式必须安装 VS 2008 工作环境，而脱离 VS 2008 环境网站将不能被正常浏览。在此情况下，就需要通过 IIS 创建虚拟目录的方法来解决问题。

IIS 的默认网站主目录位于 C:\inetpub\ wwwroot 文件夹下。而一般情况下，网站文件通常并不位于此文件下，而是存放在其他比较随意的位置。通过创建虚拟目录，可以将目录的文件从逻辑上包含到某个网站中来，从而使得其他目录中的文件内容也能通过网站进行发布，还在一定程度上提高了网站的安全性和保密性。

【例 1-4】创建虚拟目录，实现脱离 VS 2008 环境浏览 trying 网站。

（1）依次打开“控制面板”→“管理工具”→“Internet 信息服务”，打开“Internet 信息服务”窗口，如图 1-25 所示。

（2）依次展开“本地计算机”→“网站”→“默认网站”。右击“默认网站”，在弹出的快捷菜单中选择“新建”→“虚拟目录”命令，打开“虚拟目录创建向导”对话框，如图 1-26 所示。

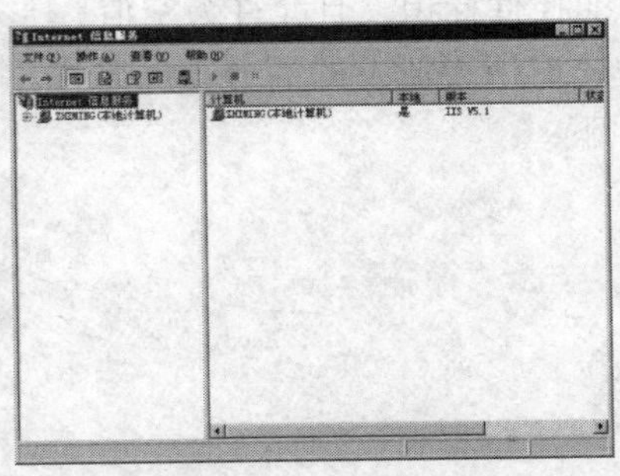

图 1-25 “Internet 信息服务”窗口

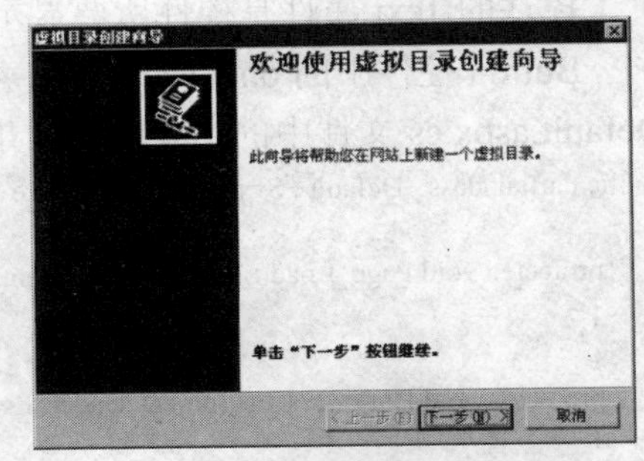

图 1-26 “虚拟目录创建向导”对话框

（3）单击“下一步”按钮，在弹出的“虚拟目录别名”对话框的“别名”文本框中输入要创建的虚拟目录的名称 trying（该名称和保存网站的文件夹名称可以不同），如图 1-27 所示。

（4）单击“下一步”按钮，在弹出的“网站内容目录”对话框的“目录”文本框中输入要创建虚拟目录的物理路径，如图 1-28 所示。

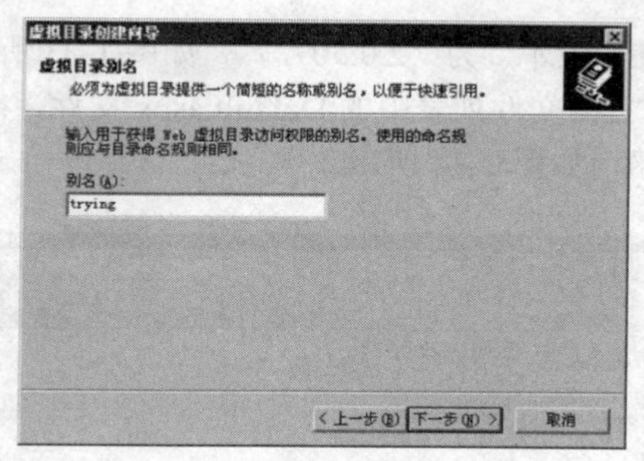

图 1-27　“虚拟目录别名”对话框

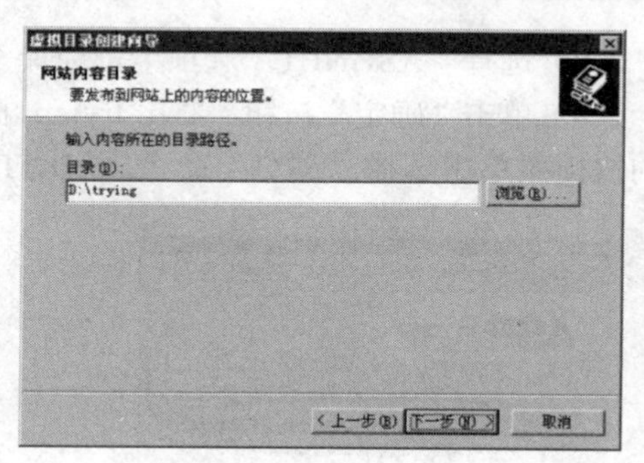

图 1-28　网站内容目录

（5）单击“下一步”按钮，在弹出的“访问权限”对话框中，设置访问该虚拟目录时所允许的各项权限，一般保留默认值即可，如图 1-29 所示。

（6）单击“下一步”按钮，完成虚拟目录创建，如图 1-30 所示。

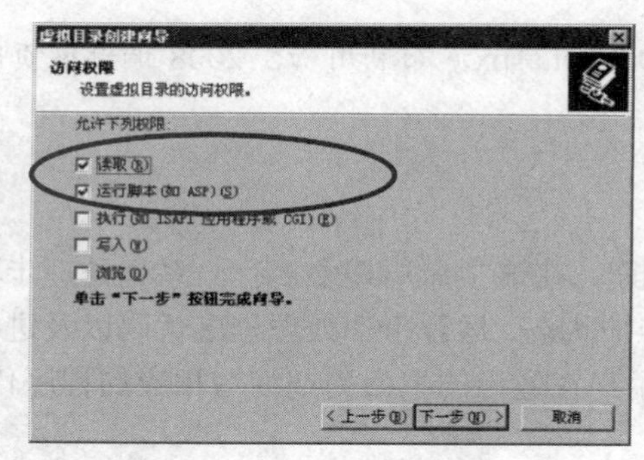

图 1-29　虚拟目录访问权限

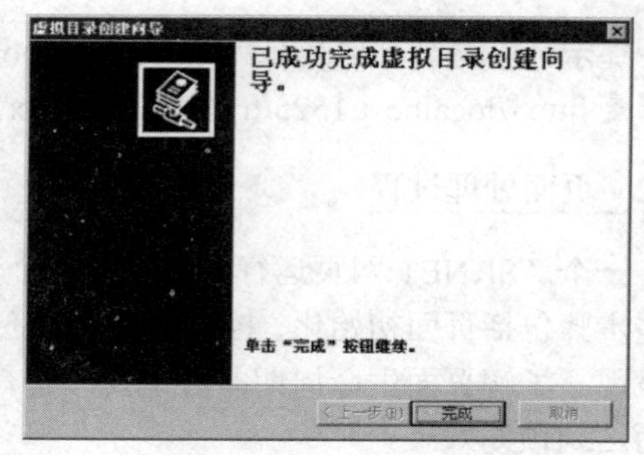

图 1-30　完成虚拟目录创建

虚拟目录创建后，用户可以在“默认网站”下看到这个新建的虚拟目录，如图 1-31 所示。右击该虚拟目录，在弹出的快捷菜单中选择“属性”命令，打开虚拟目录属性设置对话框。在“文档”选项卡中选择“启用默认文档”复选框，并添加 Default.aspx，如图 1-32 所示。

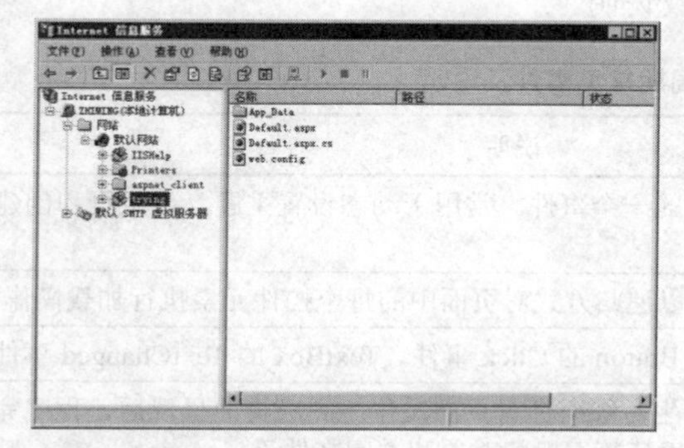

图 1-31　查看 trying 虚拟目录

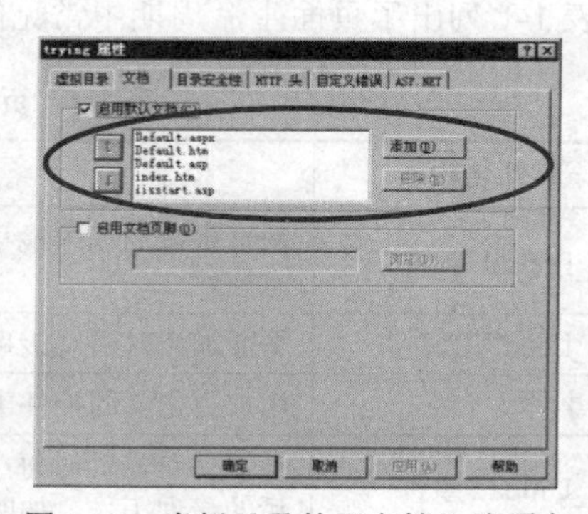

图 1-32　虚拟目录的“文档”选项卡

（7）选择“ASP.NET”选项卡，选择“ASP.NET 版本”为“2.0.50727”，如图 1-33 所示。

（8）单击“确定”按钮。右击 trying 虚拟目录右侧文件列表中的 Default.aspx 文件，在弹出的快捷菜单中选择“浏览”命令，启动 IE 浏览器，如图 1-34 所示。

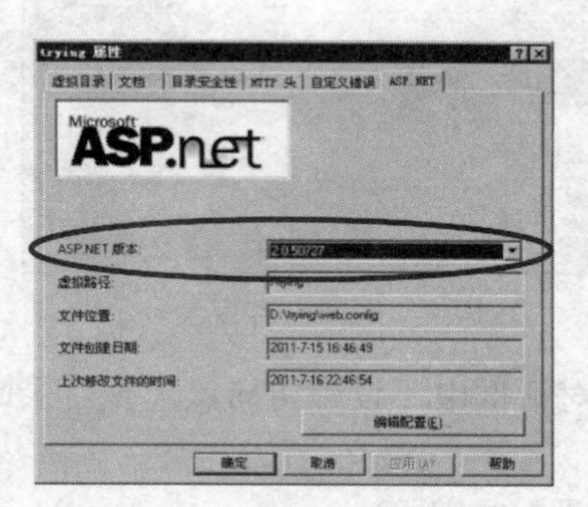

图 1-33　虚拟目录的“ASP.NET”选项卡

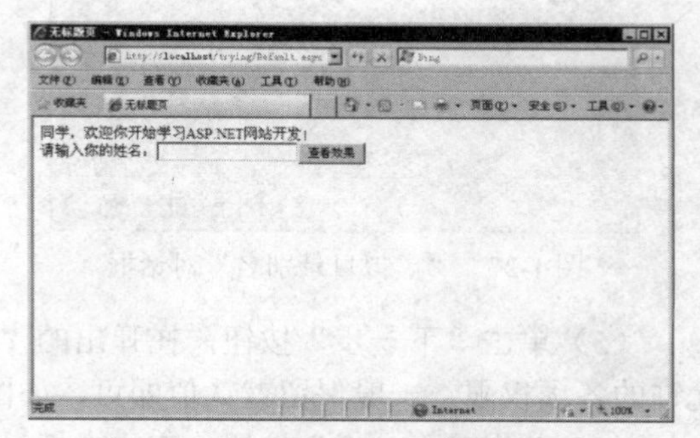

图 1-34　虚拟目录下浏览网页

提示：当前的网络地址是 http://localhost/try/Default.aspx；而利用 VS 2008 调试网页时，地址是 http://localhost:1525/try/ Default.aspx。

1.5.2　页面处理过程

一个 ASP.NET 网页运行时将经历一个生命周期，在该生命周期中执行一系列处理步骤。这些步骤包括页面初始化、控件实例化、还原和维护状态、运行事件处理程序代码以及进行页面呈现。了解页面生命周期非常重要，它有助于用户在适当的生命周期编写相应的程序代码，从而达到预期效果。

在页面生命周期的每个阶段都可以引发一些事件，事件被引发时会执行相应的事件处理代码。同时，页面还支持自动事件连接，即 ASP.NET 将寻找具有特定名称的方法，并在引发特定事件时自动运行这些方法。例如，将@Page 指令的 AutoEventWireup 属性设置为 True，页面事件将自动绑定至使用 Page_Event 命名约定的事件，如 Page_Load 和 Page_Init。

表 1-1 列出了页面生命周期中常见的事件及说明。

表 1-1　页面生命周期常见事件及说明

事件名称	说明
Page_PreInit 事件	网页生命周期中最早期引发的一个事件。常用于动态设置主题、母版页和创建动态控件
Page_Load 事件	页面加载时引发该事件，并以递归方式对页面中的每个控件元素执行加载操作
控件事件	用户自定义的控件事件，如 Button 的 Click 事件、TextBox 的 TextChanged 事件等
Page_Unload 事件	该事件首先针对每个控件发生，继而针对页面发生。完成页面呈现后，程序完成后的清理工作，如断开数据库连接、删除对象和关闭文件等

【例 1-5】利用页面 IsPostBack 属性判断网页是否为第一次加载（Ex1-5.aspx）。

（1）选择“文件”→“打开网站”命令，打开 trying 网站。然后选择“网站”→“添加新项”命令，或者右击“解决方案资源管理器”的网站名称，在弹出的快捷菜单中选择“添加新项”命令，打开“添加新项”对话框，设置如图 1-35 所示。

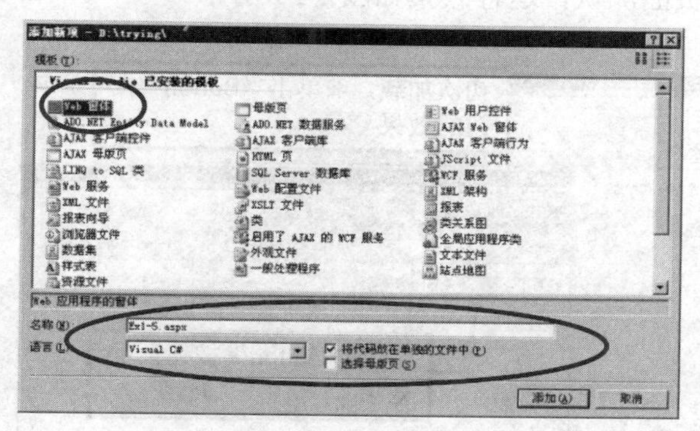

图 1-35　“添加新项”对话框

（2）单击“添加”按钮，进入 Ex1-5.aspx 编辑界面。在页面上添加一个 Button 按钮，如图 1-36 所示。

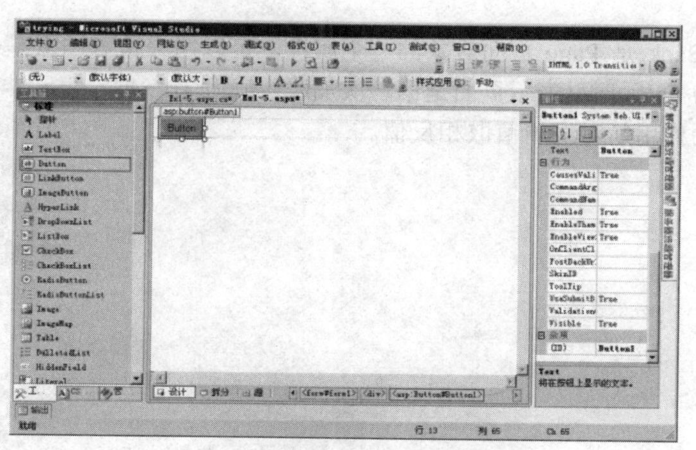

图 1-36　Ex1-5.aspx 编辑界面

（3）双击 Ex1-5.aspx 编辑界面空白处，打开 Ex1-5.aspx.cs 编辑界面。在 Page_Load 事件中输入以下代码，保存文件。

```
protected void Page_Load(object sender, EventArgs e)
{
    if (!IsPostBack)
    {
        Response.Write("页面是第一次加载。");
    }
```

```
    else
    {
        Response.Write("注意了，页面不是第一次加载！");
    }
}
```

（4）按 F5 键进行页面测试，运行效果如图 1-37 所示。

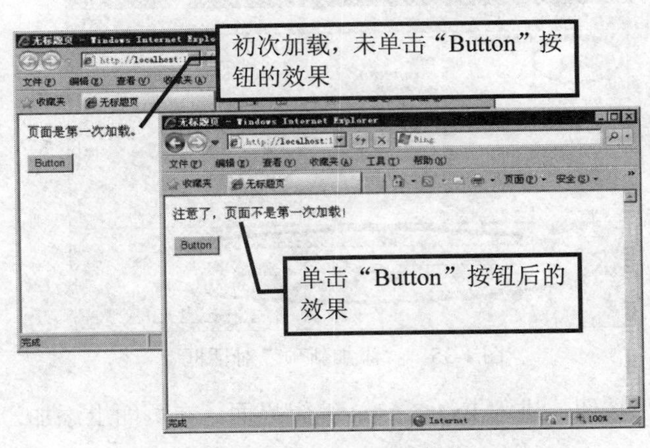

图 1-37　案例运行结果

其中，IsPostBack 是 Page 页面对象的一个属性，可以用来检查网页是否为第一次加载。当 IsPostBack 值为 False 时，表示页面是第一次加载；值为 True 时，表示非第一次加载。求非运算符“！”，它的作用是对逻辑值取相反值。

2

常用标准控件

【学习目标】

通过本章知识的学习，读者首先对服务器控件有些初步了解；掌握 TextBox、Label、Button、DropDownList 等常用控件的使用方法，以及利用表格进行网页页面布局的方法技巧，并利用本章知识设计和实现用户注册页面。通过本章内容的学习，读者可以达到以下学习目的：

- 了解服务器控件基础知识。
- 掌握文本控件（Label、TextBox 控件）的使用方法。
- 掌握选择控件（RadioButtonList、CheckBoxList、DropDownList 控件等）的使用方法。
- 掌握按钮控件（Button、LinksButton、ImageButton 控件等）的使用方法。
- 掌握利用表格进行页面布局的方法。
- 掌握网页设计中容器控件的使用方法。

2.1 情景分析

在动态 Web 应用程序中，经常会遇到用户与服务器进行交互的情况。例如，用户通过页面填写个人信息提交给服务器，服务器将用户信息收集、保存，然后根据实际情况做出相应的处理操作。

企业网站为了给网站会员提供有针对性的服务，要求建立会员注册、登录和会员管理等页面。首先，要求用户通过页面填写个人信息注册会员；其次，将会员信息提交给服务器保存；然后，用户再次访问网站时就可以输入会员账号和密码进行登录。本章的会员注册仅完成会员注册信息填写（如图 2-1 所示）和信息显示功能（如图 2-2 所示）。用户信息并未保存到数据库，有关数据库操作内容将在后面章节进行介绍。

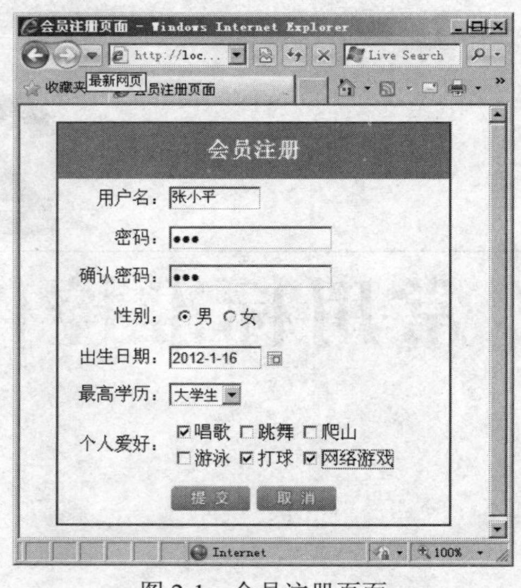

图 2-1 会员注册页面

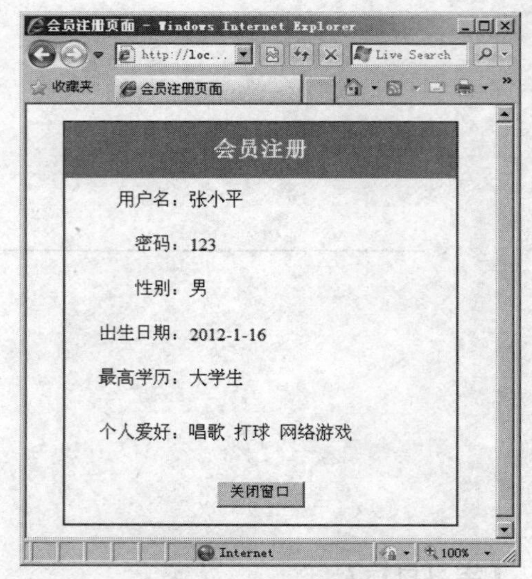

图 2-2 会员信息显示

2.2 服务器控件概述

ASP.NET 服务器控件是运行在服务器端，并且封装了用户界面和其他功能的组件。控件的含义表明它不仅是具有呈现外观作用的元素，而且是一种对象，一种定义 Web 应用程序用户界面的组件。VS 2008 提供了多种类型的服务器控件，如 Web 标准服务器控件、HTML 服务器控件、验证控件和数据控件等。

1．服务器控件的属性和事件

服务器控件的属性是指控件中具有的与用户界面特征相关的或与运行状态有关的字段。大部分服务器控件的属性可分为五类：布局、数据、外观、行为和杂项。布局类属性与页面控件元素的设置有关，如控件尺寸大小等；数据类属性包括与数据绑定相关的属性，如 DataSource 等；外观类属性包括背景色、字体格式等；行为类属性与控件运行时相关，如 Enable 和 Visible 等；杂项表示除此之外的其他属性。

事件是指程序得以运行的触发器（如 Button 控件的 Click 事件等），当用户与 Web 页面进行交互时被触发，并通过执行事件程序做出相应的响应。与传统客户端窗体中的事件或基于客户端的 Web 应用程序中的事件相比，由服务器控件引发事件的工作方式稍有不同。前者在客户端引发和处理事件；后者将与服务器控件关联的事件在客户端引发，由 ASP.NET 页面框架在 Web 服务器上处理。对于在客户端引发的事件，Web 窗体控件事件模型要求在客户端捕获事件信息，并且通过 HTTP 发送将事件消息传输到服务器。页面框架解释该发送以确定所发生的事件，然后在要处理该事件的服务器上调用代码中的相应方法。

2. 服务器控件的特点

服务器控件具有如下特点：

- 公共对象模型。服务器控件是基于公共对象模型的，因此它们可以相互共享大量属性，这是软件复用思想的体现。例如，Label 控件和 Button 控件都有设置背景颜色的属性，它们都使用同一属性——BackColor。
- 保存视图状态。传统的 HTML 元素是无视图状态的。当页面在服务器端和客户端之间来回传送时，服务器控件会自动保存视图状态。
- 数据绑定模型。ASP.NET 服务器控件为使用多种数据源提供了方便，可以快速实现数据绑定和访问，大大简化了动态网页的创建过程。
- 用户定制。服务器控件为网页开发者提供了多种机制来定制自己的页面，例如，可以通过设置服务器控件的 CSS 属性来设置其外观。
- 配置文件。服务器控件在 Web 应用程序级别上，可通过 web.config 文件对程序进行配置，这使得开发人员可对程序的行为进行统一的控制或改变，而无须对应用程序本身进行重新编译或修改。
- 创建浏览器特定的 HTML。当浏览器申请某个页面时，服务器控件会确定浏览器的类型，然后生成适合该浏览器显示的 HTML 代码。

2.3 常用服务器控件

2.3.1 文本控件

1. Label 控件

Label 控件用于在页面上显示文本信息，它不但支持静态文本显示，而且还支持用户以编程方式动态显示文本。Label 控件常用的属性有 ID、Text 和 Font 属性等。其中，ID 表示控件标识，Text 表示控件显示的文本内容，Font 表示字体格式设置，如大小、颜色等。

【例 2-1】利用 Label 控件动态显示改变文本内容与显示格式（Ex2-1.aspx）。

（1）右击“解决方案资源管理器”中的 trying 网站，选择快捷菜单中的“添加新项”命令，打开“添加新项”对话框，“语言”项选择 Visual C#，并取消选择“将代码放在单独的文件中”复选项，具体设置如图 2-3 所示。

（2）在页面设计视图下输入“注意查看显示效果：”，并添加 1 个 Label 控件和 1 个 Button 控件。设置 Label 控件 ID 属性值为“lblmess”，Text 属性值为“Label 控件内容”；设置 Button 控件的 Text 属性值为“改变内容”，如图 2-4 所示。

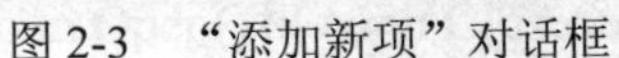

图 2-3 “添加新项”对话框

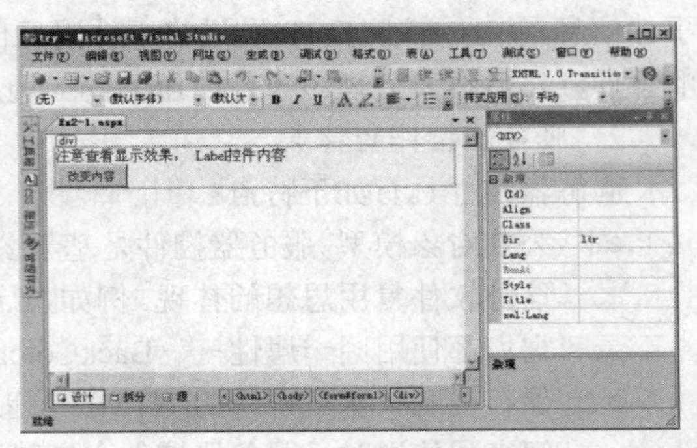

图 2-4 页面设计视图

（3）双击“改变内容”按钮，界面切换到源视图，在 Button1_Click 事件内输入以下代码：

```
protected void Button1_Click(object sender, EventArgs e)
{
    lblmes.Text = DateTime.Now.ToString();
    lblmes.ForeColor = System.Drawing.Color.Red;
    lblmes.Font.Bold = true;
}
```

（4）保存文件，页面源视图效果如图 2-5 所示。按 F5 键启动调试，运行结果如图 2-6 所示，单击“改变内容”按钮后，“Label 控件内容”变成了红色、加粗的当前时间。

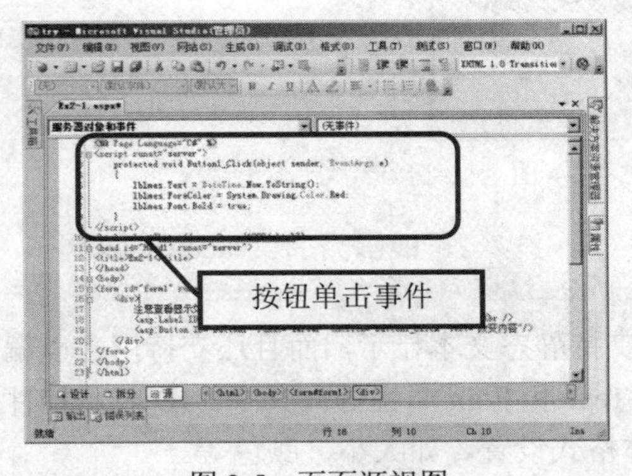

图 2-5 页面源视图

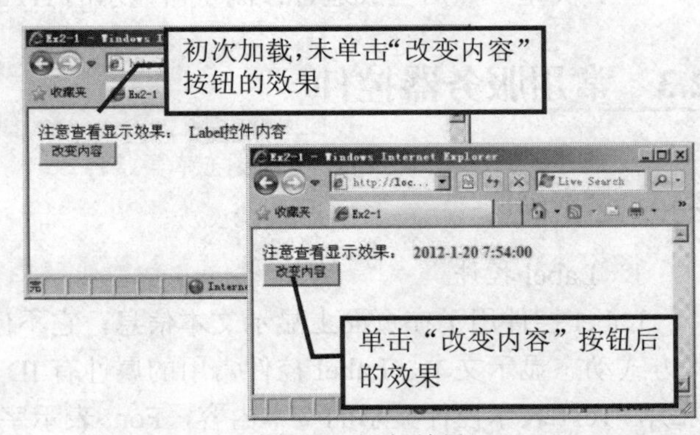

图 2-6 运行结果

由于在“添加新项”对话框中未选择“将代码放在单独的文件中”复选项，该案例采用了单文件模式创建网页，即网页的 HTML 标记和事件代码内容一起保存在以.aspx 为扩展名的文件里。

Ex2-1.aspx 源代码如下：

```
<%@ Page Language="C#" %>
<script runat="server">
    protected void Button1_Click(object sender, EventArgs e)
    {
```

```
            lblmes.Text = DateTime.Now.ToString();
            lblmes.ForeColor = System.Drawing.Color.Red;
            lblmes.Font.Bold = true;
        }
    </script>
    <html xmlns="http://www.w3.org/1999/xhtml">
    <head id="Head1" runat="server">
    <title>Ex2-1</title>
    </head>
    <body>
    <form id="form1" runat="server">
        <div>
            注意查看显示效果:
            <asp:Label ID="lblmes" runat="server" Text="Label 控件内容"></asp:Label><br />
            <asp:Button ID="Button1" runat="server" onclick="Button1_Click" Text="改变内容"/>
        </div>
    </form>
    </body>
    </html>
```

程序说明：

- "lblmes.Text = DateTime.Now.ToString();"语句中，DateTime.Now 属性的作用是获取一个 DateTime 对象，并将其设置为系统当前日期和时间。ToString()方法的作用是返回当前对象的字符串。
- "lblmes.ForeColor = System.Drawing.Color.Red;"语句中，lblmes.ForeColor 指的是 lblmes 控件的 ForeColor 属性，System.Drawing.Color.Red 表示 System.Drawing 命名空间的颜色值。
- "lblmes.Font.Bold = true;"表示 lblmes 控件的 Font 字体 Bold 属性值为 true，即控件文本字体以加粗格式显示。

提示：通常情况下，页面上显示的静态文本是使用 HTML 标签或静态文字显示，而不使用 Label 控件，因为 Label 控件作为服务器控件会占用一定的服务器资源。

尽管 VS 2008 提供了单文件模式创建页面的功能，但从代码分离的设计思想出发，建议读者选择"将代码放在单独的文件中"复选项。

2. TextBox 控件

TextBox 控件又称文本框控件，是用于输入任何类型的文本、数字或其他字符的文本区域。同时，TextBox 控件也可以设置为只读控件，用于文本显示。

TextBox 控件的常用属性及说明如表 2-1 所示。

表 2-1 TextBox 控件的常用属性及说明

属性	说明
ID	控件唯一标识
Text	控件要显示的文本

续表

属性	说明
TextMode	控件的输入模式，有 SingleLine（单行）、MultiLine（多行）和 Password（密码）三种，默认为 SingleLine
Width	控件的宽度
MaxLength	控件可接收的最大字符数
AutoPostBack	控件内容修改后，是否自动回发到服务器。常和控件的 TextChanged 事件配合使用
Visible	控件是否可见
Enabled	控件是否可用
Rows	控件中文本显示的行数，该属性在 TextMode 为 MultiLine 时有效

【例 2-2】利用 TextBox 控件制作用户登录页面，如图 2-7 所示。用户名最大支持 3 个字符，光标移出姓名文本框时，屏幕上出现动态提示文字；密码输入时以黑点显示（Ex2-2.aspx）。

（1）在页面上输入“姓名：”，并添加 1 个 TextBox 控件。分别设置 TextBox 控件的 ID 属性为 txtname，Width 属性为 80px，MaxLength 属性为 3，AutoPostBack 属性为 True。

（2）单击属性窗口上端的事件图标，将属性窗口切换到事件窗口，双击 TextChanged 事件或者双击 txtname 控件，打开 txtname_TextChanged 事件编辑窗口，输入以下代码：

```
protected void txtname_TextChanged(object sender, EventArgs e)
{
    Response.Write("你的姓名是：" + txtname.Text);
}
```

（3）在页面上输入“密码：”，并添加 1 个 TextBox 控件。设置 TextBox 控件 TextMode 属性为 Password。

（4）在页面上添加 1 个 Button 控件，设置 Text 为“登录”，保存网页。按 F5 键启动调试，运行结果如图 2-7 所示。当姓名内容发生更新时，页面上方的提示内容会随之更新。

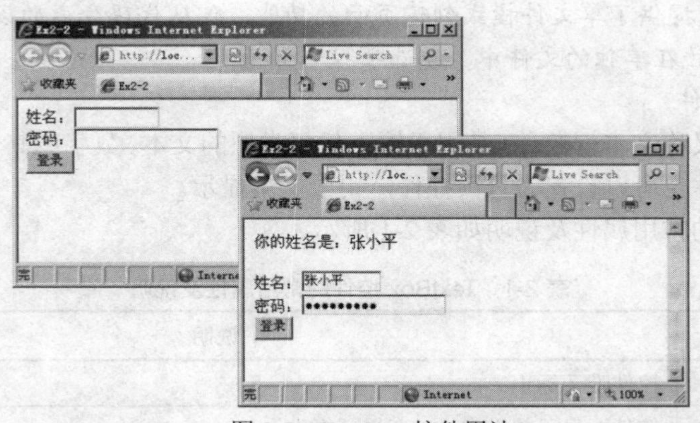

图 2-7　TextBox 控件用法

Ex2-2.aspx 文件代码如下：

```
<%@ Page Language="C#" AutoEventWireup="true" CodeFile="Ex2-2.aspx.cs" Inherits="Ex2_2" %>
<html xmlns="http://www.w3.org/1999/xhtml">
<head runat="server">
    <title>Ex2-2</title>
</head>
<body>
    <form id="form1" runat="server">
    <div>
    姓名：<asp:TextBox ID="txtname" runat="server" AutoPostBack="True" Width="80px" MaxLength="3" ontextchanged
    ="txtname_TextChanged" />
    <br />
    密码：<asp:TextBox ID="TextBox2" runat="server" TextMode="Password" />
    <br />
    <asp:Button ID="Button1" runat="server" Text="登录" />
    </div>
    </form>
</body>
</html>
```

Ex2-2.aspx.cs 文件主要代码如下：

```
protected void txtname_TextChanged(object sender, EventArgs e)
{
    Response.Write("你的姓名是：" + txtname.Text);
}
```

程序说明：

- 修改 TextBox 控件内容后，将引发控件的 OnTextChanged 事件。但需要注意的是，TextBox 控件的 AutoPostBack 属性必须设置为 True。
- Response.Write 的作用是向客户端浏览器输出字符串。其中，“+”是字符串连接运算符，起到连接字符串的作用，如“中国”+“你好”等价于“中国你好”。

2.3.2 选择控件

1. RadioButton 控件

RadioButton 控件是单选按钮控件，当用户选择某个单选按钮时，同组中的其他选项不能被同时选中。RadioButton 控件的常用属性及说明如表 2-2 所示。

表 2-2 RadioButton 控件的常用属性及说明

属性	说明
ID	控件唯一标识
Text	控件关联的文本标签
GroupName	控件所属的控件组名

续表

属性	说明
Checked	控件是否被选中
AutoPostBack	单击控件时是否自动回发到服务器
Enabled	判断控件是否可用

【例 2-3】利用 RadioButton 控件实现考试系统中单选题的操作，如图 2-8 所示。当用户不选择答案单击“提交”按钮时，页面弹出“请选择答案！”提示；当用户选择正确答案 B 时，页面提示“恭喜你，回答正确！”；否则提示“对不起，正确答案是 B！”（Ex2-3.aspx）。

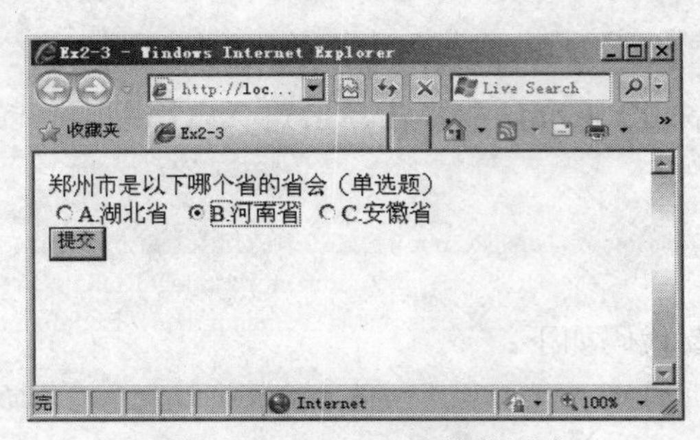

图 2-8　RadioButton 控件用法

Ex2-3.aspx 文件代码如下：

```
<%@ Page Language="C#" CodeFile="Ex2-3.aspx.cs" Inherits="Ex2_3" %>
<html>
<body>
    <form id="form1" runat="server">
        郑州市是以下哪个省的省会（单选题）<br />
        <asp:RadioButton ID="R1" runat="server" GroupName="sel1" Text="A.湖北省" />
        <asp:RadioButton ID="R2" runat="server" GroupName="sel1" Text="B.河南省" />
        <asp:RadioButton ID="R3" runat="server" GroupName="sel1" Text="C.安徽省" /><br />
        <asp:Button ID="Button1" runat="server" onclick="Button1_Click" Text="提交" />
    </form>
</body>
</html>
```

Ex2-3.aspx.cs 文件的主要代码如下：

```
protected void Button1_Click(object sender, EventArgs e)
{
    //如果没有选择答案
    if (R1.Checked == false && R2.Checked == false && R3.Checked == false)
    Response.Write("<script>alert('请选择答案！')</script>");
else
{
```

```
        //判断所选答案是否正确
        if (R2.Checked == true)
            Response.Write("<script>alert('恭喜你，回答正确！')</script>");
        else
            Response.Write("<script>alert('对不起，正确答案是B！')</script>");
    }
}
```

程序说明：

- 3 个 RadioButton 控件的 GroupName 属性值都是 sel1，只有 GroupName 属性值相同才能保证这些控件成为一组。
- 在后台代码文件中，以"//"标记开头表示该行为注释行，该标记后面的语句不被执行。
- "if (R2.Checked == true)"语句中的 R2.Checked 的值为 true 时，表示 RadioButton 控件 R2 被选中；值为 false 时，表示未被选中。
- "if (R1.Checked == false && R2.Checked == false && R3.Checked == false)"语句中，"&&"符号在程序中是"逻辑并"运算符。如有逻辑表示式 A、B，当且仅当 A、B 值都为 true 时，A&&B 值为 true。相对地，运算符"||"表示"逻辑或"运算。

2. RadioButtonList 控件

由于每个 RadioButton 控件在 RadioButton 组中是相互独立的，若判断同组中的多个 RadioButton 控件是否被选中，需要判断所有 RadioButton 控件的 Checked 属性，效率较低。RadioButtonList 控件有效地解决了这个问题，它为读者提供了一组 RadioButton，大大方便了用户操作。RadioButtonList 控件的常用属性及说明如表 2-3 所示。

表 2-3　RadioButtonList 控件的常用属性及说明

属性	说明
ID	控件唯一标识
AutoPostBack	单击控件时是否自动回发到服务器，响应 OnSelectedIndexChanged 事件
CellPading	各项目之间的距离，单位是像素
Items	返回 RadioButtonList 控件中的 ListItem 的对象
RepeatDirection	选择项目的排列方向，默认为 Vertical
RepeatColumns	设置一行旋转选择项目的个数，默认为 0（表示忽略该项）
SelectedItem	返回被选择的 ListItem 对象
TextAlign	设置各项目所显示文字在按钮左边还是右边，默认为 Right

【例 2-4】 利用 RadioButtonList 控件的 AutoPostBack 属性和 OnSelectedIndexChanged 事件实现性别单选和提示文字即时更新，如图 2-9 所示。如用户选择"男"，页面下面的文字立即变为"你选择的是：男；对应的值为：1"（Ex2-4.aspx）。

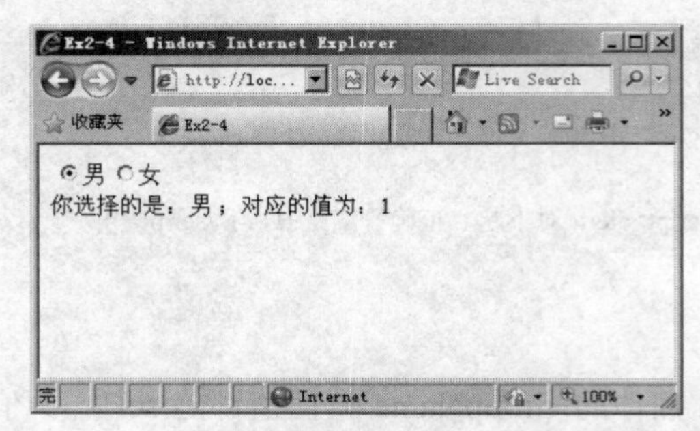

图 2-9 RadioButtonList 控件用法

Ex2-4.aspx 文件代码如下：

```
<%@ Page Language="C#" AutoEventWireup="true" CodeFile="Ex2-4.aspx.cs" Inherits="Ex2_4" %>
<html xmlns="http://www.w3.org/1999/xhtml">
<head runat="server">
    <title>Ex2-4</title>
</head>
<body>
    <form id="form1" runat="server">
    <div>
        <asp:RadioButtonList ID="rblsex" runat="server" RepeatDirection="Horizontal" onselectedindexchanged
        ="rblsex_SelectedIndexChanged" AutoPostBack="True">
            <asp:ListItem Value="1">男</asp:ListItem>
            <asp:ListItem Value="0">女</asp:ListItem>
        </asp:RadioButtonList>
        你选择的是：<asp:Label ID="lbl1" runat="server" Text="Label"></asp:Label>
        ；对应的值为：<asp:Label ID="lbl2" runat="server" Text="Label"></asp:Label>
    </div>
    </form>
</body>
</html>
```

Ex2-4.aspx.cs 文件主要代码如下：

```
protected void rblsex_SelectedIndexChanged(object sender, EventArgs e)
{
    lbl1.Text = rblsex.SelectedItem.Text;
    lbl2.Text = rblsex.SelectedItem.Value;
}
```

程序说明：

- RadioButtonList 控件的候选项由 ListItem 控件实现。如<asp:ListItem Text="男" Value="1" />或者<asp:ListItem Value="1">男</asp:ListItem>，Text 值有这两种写法，其他控件类似。
- “lbl1.Text = rblsex.SelectedItem.Text;”语句中的 rblsex.SelectedItem.Text 表示 rblsex 控件当前被选择项的 Text 值，即 ListItem 控件的 Text 值。而 rblsex.SelectedItem.Value 表示 rblsex 控件当前被选择项的 Value 值，即 ListItem 控件的 Value 值。

- 若使控件的 OnSelectedIndexChanged 事件（或者 Selectedindexchanged 事件）即时生效，必须设置控件的 AutoPostBack 属性为 True。

提示：RadioButtonList 控件所涉及的 ListItem 选择项，读者可以在选中控件时，单击控件右上方的 按钮，选择“RadioButtonList 任务”中的“编辑项...”命令，通过图形界面来实现选择项的添加和编辑。

3. CheckBox 控件

CheckBox 控件用来表示是否选取了某个选项，常用于具有是/否、真/假选项的选取。CheckBox 控件和 RadioButton 控件的区别在于前者允许多选。由于 CheckBox 控件和 RadioButton 控件的常用属性大体相同。

【例 2-5】利用 CheckBox 控件实现考试系统中不定项选择题的操作，如图 2-10 所示。当用户选择 ABC 三个答案时，提示“回答正确”；否则提示“错误，正确答案为 ABC”（Ex2-5.aspx）。

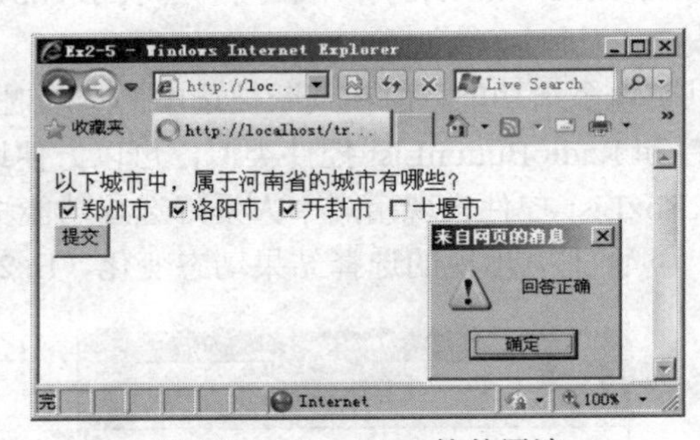

图 2-10　CheckBox 控件用法

Ex2-5.aspx 文件代码如下：

```
<%@ Page Language="C#" AutoEventWireup="true" CodeFile="Ex2-5.aspx.cs" Inherits="Ex2_5" %>
<html xmlns="http://www.w3.org/1999/xhtml">
<head runat="server">
    <title>Ex2-5</title>
</head>
<body>
    <form id="form1" runat="server">
    <div>
        以下城市中，属于河南省的城市有哪些？<br />
        <asp:CheckBox ID="ckb1" runat="server" Text="郑州市" />
        <asp:CheckBox ID="ckb2" runat="server" Text="洛阳市" />
        <asp:CheckBox ID="ckb3" runat="server" Text="开封市" />
        <asp:CheckBox ID="ckb4" runat="server" Text="十堰市" /><br />
        <asp:Button ID="Button1" runat="server" Text="提交" onclick="Button1_Click" />
    </div>
    </form>
</body>
</html>
```

Ex2-5.aspx.cs 文件主要代码如下：

```
protected void Button1_Click(object sender, EventArgs e)
{
    if (!ckb1.Checked && !ckb2.Checked && !ckb3.Checked && !ckb4.Checked)
        Response.Write("<script>alert('请选择答案！')</script>");
    else
    {
        if (ckb1.Checked && ckb2.Checked && ckb3.Checked)
            Response.Write("<script>alert('回答正确')</script>");
        else
            Response.Write("<script>alert('错误，正确答案为 ABC')</script>");
    }
}
```

程序说明：

if(ckb1.Checked)和 if(ckb1.Checked==true)的作用相同，都表示 ckb1 控件被选中。而 if(!ckb1.Checked)和 if(ckb1.Checked==false)的作用相同，都表示 ckb1 控件未被选中。

4. CheckBoxList 控件

用 CheckBox 控件可以实现多选功能，但在判断被选中的选项时，需要对每一个对象都进行判断。CheckBoxList 控件和 RadioButtonList 控件类似，可以方便地判断用户选中的选项。

【例 2-6】利用 CheckBoxList 控件实现用户个人爱好选择功能页面，如图 2-11 所示。根据用户所选择的爱好不同，页面下方出现的选择结果动态变化（Ex2-6.aspx）。

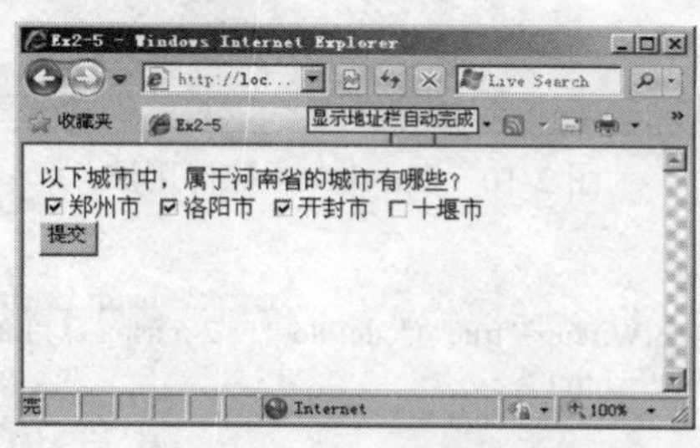

图 2-11 CheckBoxList 控件用法

Ex2-6.aspx 文件主要代码如下：

```
<%@ Page Language="C#" AutoEventWireup="true" CodeFile="Ex2-6.aspx.cs" Inherits="Ex2_6" %>
<html xmlns="http://www.w3.org/1999/xhtml">
<head runat="server">
    <title>Ex2-6</title>
</head>
<body>
    <form id="form1" runat="server">
    <div>
        请选择你的爱好：
        <asp:CheckBoxList ID="ckl1" runat="server" RepeatColumns="3" RepeatDirection="Horizontal">
            <asp:ListItem>唱歌</asp:ListItem>
            <asp:ListItem>跳舞</asp:ListItem>
```

```
                <asp:ListItem>游泳</asp:ListItem>
                <asp:ListItem>爬山</asp:ListItem>
                <asp:ListItem>旅行</asp:ListItem>
                <asp:ListItem>钓鱼</asp:ListItem>
            </asp:CheckBoxList>
            <asp:Button ID="Button1" runat="server" Text="提交" onclick="Button1_Click" />
            <asp:Label ID="lblmes" runat="server"/>
        </div>
        </form>
</body>
</html>
```

Ex2-6.aspx.cs 文件主要代码如下：

```
protected void Button1_Click(object sender, EventArgs e)
{
    string result = "你选择的是：";
    for (int i = 0; i < ckl1.Items.Count; i++)
    {
        if (ckl1.Items[i].Selected)
            result += ckl1.Items[i].Text + " ";
    }
        lblmes.Text = result;
}
```

程序说明：

- "for (int i = 0; i < ckl1.Items.Count; i++)"语句中，ckl1.Items.Count 表示 CheckBoxList 控件选项的数目，利用 for 循环可以方便地实现选项是否被选择的检查功能。
- "if (ckl1.Items[i].Selected)"语句中，ckl1.Items[i].Selected 表示 CheckBoxList 控件的第 i 个选项被选中。需要注意的是，CheckBoxList 选项是用 Selected 值来判断的，而非 Checked 属性。

5. DropDownList 控件

DropDownList 控件是一个下拉式列表控件，功能和 RadioButtonList 控件类似，用户可以从下拉列表框中选择单一选项。DropDownList 控件适合具有较多选项的情况，能够使程序界面更加紧凑。

【例 2-7】利用 DropDownList 控件实现用户出生地选择功能，如图 2-12 所示。根据用户所选择的出生地不同，单击"提交"按钮后提示不同的信息（Ex2-7.aspx）。

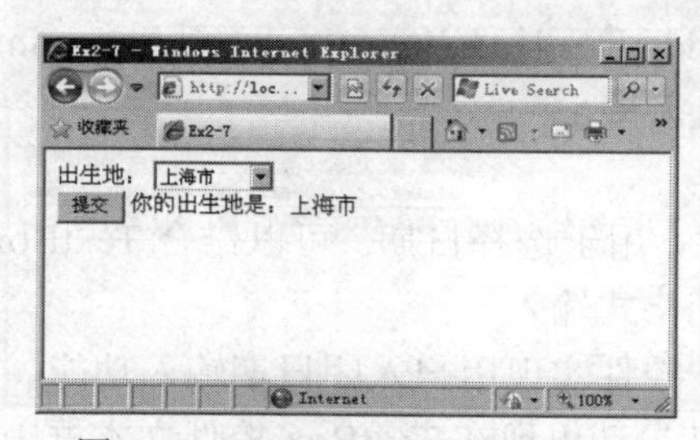

图 2-12　DropDownList 控件用法

Ex2-7.aspx 文件代码如下：

```
<%@ Page Language="C#" AutoEventWireup="true" CodeFile="Ex2-7.aspx.cs" Inherits="Ex2_7" %>
<html xmlns="http://www.w3.org/1999/xhtml">
<head runat="server">
    <title>Ex2-7</title>
</head>
<body>
    <form id="form1" runat="server">
    <div>
        出生地：
        <asp:DropDownList ID="ddlbir" runat="server" Width="86px">
            <asp:ListItem Selected="True" Value="1">北京市</asp:ListItem>
            <asp:ListItem Value="2">上海市</asp:ListItem>
            <asp:ListItem Value="3">重庆市</asp:ListItem>
            <asp:ListItem Value="4">天津市</asp:ListItem>
        </asp:DropDownList>
        <br />
        <asp:Button ID="Button1" runat="server" onclick="Button1_Click" Text="提交" />
        <asp:Label ID="lblmes" runat="server" Text="你的出生地是："/>
    </div>
    </form>
</body>
</html>
```

Ex2-7.aspx.cs 文件主要代码如下：

```
protected void Button1_Click(object sender, EventArgs e)
{
    lblmes.Text += ddlbir.SelectedItem.Text;
}
```

程序说明：

- 代码“<asp:ListItem Selected="True" Value="1">”中，Selected="True"的作用是将该选项作为默认选中项。
- “lblmes.Text += ddlbir.SelectedItem.Text;”语句中，ddlbir.SelectedItem.Text 获取的是选项的 Text 值，即显示出来的文本（如北京市、上海市等），而 ddlbir.SelectedValue 表示选项的 Value 值（如北京市对应为 1、上海市对应为 2）。

提示：代码“lblmes.Text += ddlbir.SelectedItem.Text”中出现了“+=”运算符，作用相当于 lblmes.Text = lblmes.Text +ddlbir.SelectedItem.Text。例如，string str = "你是"; str += "大学生"; 而最终 str 变量值为“你是大学生”。

6. Calendar 控件

Calendar 控件是日历控件，用于选择日期。可以结合 TextBox 控件一起使用，实现日期输入，从而用规范并简化的日期格式输入。

【例 2-8】利用 Calendar 控件实现用户入团日期输入功能，如图 2-13 所示。用户通过选择 Calendar 控件的日期，使其自动出现在 TextBox 控件文本框中（Ex2-8.aspx）。

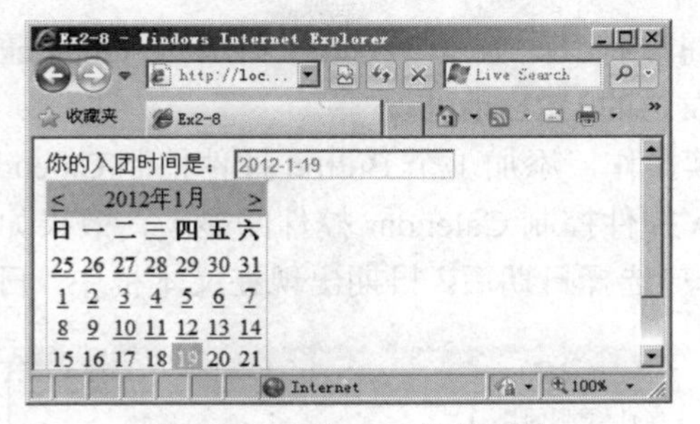

图 2-13　Calendar 控件用法

Ex2-8.aspx 文件代码如下：

```
<%@ Page Language="C#" AutoEventWireup="true" CodeFile="Ex2-8.aspx.cs" Inherits="Ex2_8" %>
<html xmlns="http://www.w3.org/1999/xhtml">
<head runat="server">
    <title>Ex2-8</title>
</head>
<body>
    <form id="form1" runat="server">
    <div>
        你的入团时间是：
        <asp:TextBox ID="txtdate" runat="server" Enabled="False"/>
        <asp:Calendar ID="Calendar1" runat="server" onselectionchanged="Calendar1_SelectionChanged">
        </asp:Calendar>
    </div>
    </form>
</body>
</html>
```

Ex2-8.aspx.cs 文件主要代码如下：

```
protected void Calendar1_SelectionChanged(object sender, EventArgs e)
{
   txtdate.Text = Calendar1.SelectedDate.ToShortDateString();
}
```

程序说明：

- 代码“<asp:TextBox ID="txtdate" runat="server" Enabled="False"/>”中，Enabled="False"表示控件不可手工编辑。
- 使用 Calendar 控件时，用户可以通过控件右上方的 展开“Calendar 任务”，通过设置“自动套用格式...”来设置控件外观。

提示：由于 Calendar 控件占用页面较多，从页面美观出发，读者可以在 TextBox 控件后添加一个按钮，用于控制 Calendar 控件显示“Calendar1.Visible = true;”。

2.3.3　按钮控件

1. Button 控件

Button 控件是读者使用频率最高的控件之一，用户通过单击 Button 来执行该控件的 Click

事件。Button 控件的常用属性有 Id、Text、PostBackUrl 及 OnClick 事件。其中，PostBackUrl 属性用于设置单击控件所发送的 URL 地址。

下面接着例 2-8 来继续操作，添加 1 个 Button 控件控制 Calendar 控件的显示。

【例 2-9】利用 Button 控件控制 Calendar 控件的显示，效果如图 2-14 所示。单击“显示日历”按钮，出现日历；用户选择日期后，日期出现在文本框中，日历窗口关闭（Ex2-9.aspx）。

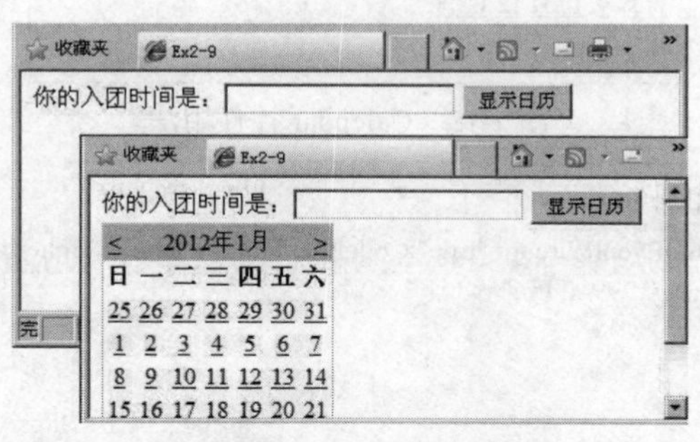

图 2-14　Button 控件用法

Ex2-9.aspx 文件主要代码如下：

```
<%@ Page Language="C#" AutoEventWireup="true" CodeFile="Ex2-9.aspx.cs" Inherits="Ex2_8" %>
<html xmlns="http://www.w3.org/1999/xhtml">
<head runat="server">
    <title>Ex2-8</title>
</head>
<body>
    <form id="form1" runat="server">
    <div>
        你的入团时间是：<asp:TextBox ID="txtdate" runat="server" Enabled="False"/>
        <asp:Button ID="Button1" runat="server" onclick="Button1_Click" Text="显示日历" />
        <asp:Calendar ID="Calendar1" runat="server"
            onselectionchanged="Calendar1_SelectionChanged" Height="125px"
            Visible="False">
        </asp:Calendar>
    </div>
    </form>
</body>
</html>
```

Ex2-9.aspx.cs 文件主要代码如下：

```
protected void Calendar1_SelectionChanged(object sender, EventArgs e)
{
    txtdate.Text = Calendar1.SelectedDate.ToShortDateString();
    Calendar1.Visible = false ;
}
protected void Button1_Click(object sender, EventArgs e)
{
    Calendar1.Visible = true;
}
```

程序说明：

设置 Calendar1 控件的 Visible 属性为 False，实现控件在网页加载后不可见。Button1 的 Click 事件利用代码“Calendar1.Visible= true;”来显示控件。而 Calendar1_SelectionChanged 实现文本框文本输入，并再次隐藏日历控件。

2. LinkButton 控件

LinkButton 控件又称超链接按钮控件，该控件在功能上与 Button 控件相同，但样式以超链接形式显示。LinkButton 控件有一个 PostBackUrl 属性，该属性用于设置单击控件时链接到的网址。

【例 2-10】利用 LinkButton 控件 PostBackUrl 属性实现超链接功能，如图 2-15 所示。用户单击“打开 Ex2-9”链接，页面将转向 Ex2-9.aspx 页面（Ex2-10.aspx）。

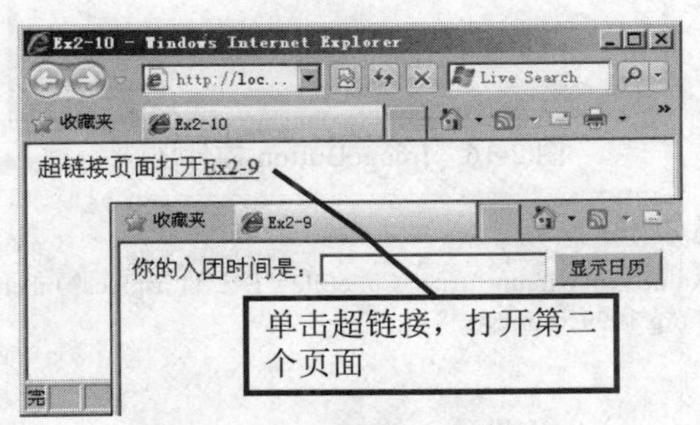

图 2-15　LinkButton 控件用法

Ex2-10.aspx 文件代码如下：

```
<%@ Page Language="C#" AutoEventWireup="true" CodeFile="Ex2-10.aspx.cs" Inherits="Ex2_10" %>
<html xmlns="http://www.w3.org/1999/xhtml">
<head runat="server">
    <title>Ex2-10</title>
</head>
<body>
    <form id="form1" runat="server">
    <div>
        超链接页面<asp:LinkButton ID="LinkButton1" runat="server" PostBackUrl="~/Ex2-9.aspx">打开 Ex2-9
        </asp:LinkButton>
    </div>
    </form>
</body>
</html>
```

程序说明：

PostBackUrl="~/Ex2-9.aspx"表示超链接指向的新页面地址，地址的“~/”是相对路径的同级目录的含义，即 Ex2-9.aspx 和 Ex2-10.aspx 保存在同一文件夹里。

3．ImageButton 控件

ImageButton 控件是图片按钮控件，用户单击控件上的图片引发控件的 Click 事件。ImageButton 控件有一个 ImageUrl 属性，该属性用于设置按钮上显示的图片位置。其他属性和用法与 Button 控件相同。

【例 2-11】利用 ImageButton 控件达到美化按钮的效果，如图 2-16 所示（Ex2-11.aspx）。

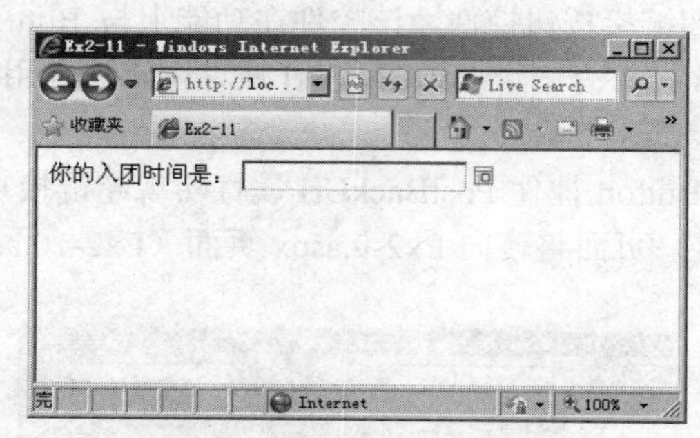

图 2-16　ImageButton 控件用法

Ex2-11.aspx 文件代码如下：

```
<%@ Page Language="C#" AutoEventWireup="true" CodeFile="Ex2-11.aspx.cs" Inherits="Ex2_11" %>
<html xmlns="http://www.w3.org/1999/xhtml">
<head runat="server">
    <title>Ex2-11</title>
</head>
<body>
    <form id="form1" runat="server">
    <div>
        你的入团时间是：
        <asp:TextBox ID="txtdate" runat="server" Enabled="False"/>
        <asp:ImageButton ID="ImageButton1" runat="server" ImageUrl="~/images/date.GIF"
            onclick="ImageButton1_Click" />
        <asp:Calendar ID="Calendar1" runat="server" Visible="False">
        </asp:Calendar>
    </div>
    </form>
</body>
</html>
```

Ex2-11.aspx.cs 文件主要代码如下：

```
protected void ImageButton1_Click(object sender, ImageClickEventArgs e)
{
    Calendar1.Visible = true;
}
```

程序说明：

ImageUrl 属性表示 ImageButton 控件的图片位置。地址“~/images/butimage.gif”表示与程序文件同级目录内的 Images 文件夹中的 butimage.gif 文件。

4. FileUpload 控件

FileUpload 控件是用于客户端文件上传到服务器的控件。该控件显示 1 个文本框和 1 个浏览按钮，用户可以直接在文件框中输入完整的文件名，也可以通过“浏览”按钮选择文件。FileUpload 控件的常用属性及说明如表 2-4 所示。

表 2-4 FileUpload 控件的常用属性及说明

属性	说明
ID	控件唯一标识
FileContent	获取指定上传文件的 Stream 对象（Stream 数据类型）
FileName	获取上传文件在客户端的文件名称
HasFile	获取一个布尔值，用于表示控件是否已经包含一个文件
PostedFile	获取一个与上传文件相关的 HttpPostedFile 对象，使用该对象可以获取上传文件的相关属性

除了上述常用属性外，FileUpload 控件还有一个 SaveAs 方法，用于将上传的文件保存到服务器。

【例 2-12】利用 FileUpload 控件实现文件上传操作，如图 2-17 所示。用户单击页面上的“浏览...”按钮，选择要上传的文件，单击“上传”按钮，文件将上传到服务器网站的根目录下（Ex2-12.aspx）。

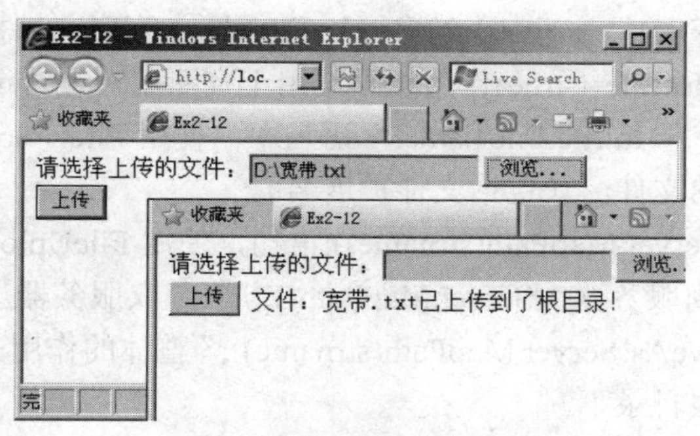

图 2-17 LinkButton 控件用法

Ex2-12.aspx 文件代码如下：

```
<%@ Page Language="C#" AutoEventWireup="true" CodeFile="Ex2-12.aspx.cs" Inherits="Ex2_12" %>
<html xmlns="http://www.w3.org/1999/xhtml">
<head runat="server">
    <title>Ex2-12</title>
</head>
<body>
    <form id="form1" runat="server">
    <div>
```

```
            请选择上传的文件：<asp:FileUpload ID="fulfile" runat="server" />
            <br />
            <asp:Button ID="Button1" runat="server" onclick="Button1_Click" Text="上传" />
            <asp:Label ID="lblmes" runat="server" Text=""></asp:Label>
        </div>
        </form>
</body>
</html>
```

Ex2-12.aspx.cs 文件主要代码如下：

```
protected void Button1_Click(object sender, EventArgs e)
{
    if (fulfile.HasFile)
    {
        string strname = fulfile.FileName;
        fulfile.SaveAs(Server.MapPath(strname));
        lblmes.Text += "文件：" + strname + "已上传到了根目录！";
    }
    else
    {
        Response.Write("请选择上传文件！");
    }
}
```

程序说明：

- “if (fulfile.HasFile)”语句中，fulfile.HasFile 表示 fulfile 控件的 HasFile 属性值。该语句与 if (fulfile.HasFile==true)作用相同，用于判断用户是否选择了上传文件。
- “string strname = fulfile.FileName;”语句中，使用 FileUpload 控件的 FileName 属性获取上传文件的文件名（包括文件扩展名）。
- fulfile.SaveAs(Server.MapPath(strname));语句，使用 FileUpload 控件的 SaveAs 方法将上传文件保存到服务器；Server.MapPath()方法获取服务器上的物理路径（即绝对路径）。“fulfile.SaveAs(Server.MapPath(strname));”整体的作用是将上传文件以原文件名保存到服务器根目录下。

提示： Server.MapPath()方法获取服务器的物理路径。其中，Server.MapPath("/")获取应用程序根目录所在的路径；Server.MapPath("./")获取当前页面所在目录的路径，等价于 Server.MapPath("")；Server.MapPath("../")获取当前页面所在目录的上级目录路径。

2.3.4 表格控件

网站开发过程中，表格是页面布局的一种重要手段。使用 Table 表格、tr 表格行和 td 表格单元格进行页面布局，操作简单、快捷，大大提高了开发效率。表格常用的属性及说明如表 2-5 所示。

表 2-5 表格控件的常用属性及说明

属性	说明
Boder	表格边框宽度
CellPadding	单元格边框与内容的间距
CellSpacing	单元格间距
Align	表格、单元格水平方向对齐方式，有 Left、Right 和 Center 三种
Valign	单元格竖直方向对齐方式，有 baseline、bottom、middle 和 top 四种
Style	表格、单元格样式

在 VS 2008 环境下，有标准服务器控件和 HTML 控件两种 Table。这里使用的是 HTML 控件类的 Table，或者通过“表格”→“插入表”命令（注：本书无特别声明时，Table 控件均指 HTML 服务器控件类的 Table 控件）。

【例 2-13】利用表格控件实现系统登录页面布局设计，如图 2-18 所示（Ex2-13.aspx）。

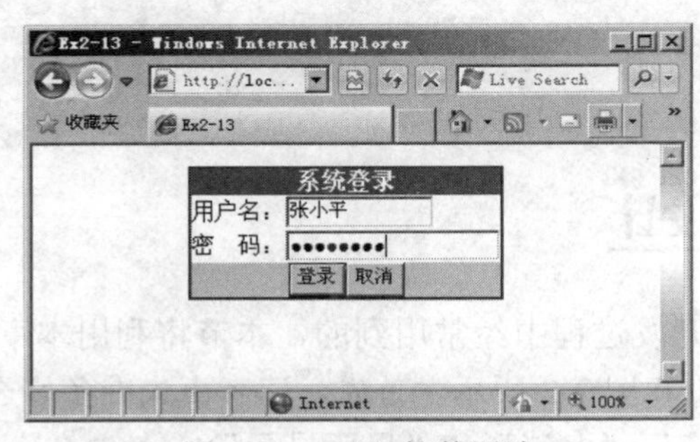

图 2-18 Table 控件用法

Ex2-13.aspx 文件代码如下：

```
<%@ Page Language="C#" AutoEventWireup="true" CodeFile="Ex2-13.aspx.cs" Inherits="Ex2_13" %>
<html xmlns="http://www.w3.org/1999/xhtml">
<head runat="server">
    <title>Ex2-13</title>
</head>
<body>
    <form id="form1" runat="server">
    <div>
        <table align="center" cellpadding="0" cellspacing="0"class="style4"style="border: 2px groove #336699;">
            <tr>
                <td align="center" class="style4" colspan="2" valign="middle"style="background-color: #336699;
                 font-size: 16px; color: #FFFFFF; font-weight: bold;" >系统登录
                </td>
            </tr>
            <tr>
                <td align="right" class="style4">用户名：</td>
```

```
                <td align="left" class="style4">
                <asp:TextBox ID="TextBox1" runat="server" Width="100px"></asp:TextBox>
                </td>
            </tr>
            <tr>
                <td align="right" class="style2">
                密　码：
                </td>
                <td align="left" class="style2">
                <asp:TextBox ID="TextBox2" runat="server" TextMode="Password"></asp:TextBox>
                </td>
            </tr>
            <tr>
                <td align="center" colspan="2" style="background-color: #CCCCFF" valign="middle">
                <asp:Button ID="Button1" runat="server" Text="登录" /><asp:Button ID="Button2" runat="server"
                Text="取消" />
                </td>
            </tr>
        </table>
    </div>
    </form>
</body>
</html>
```

2.4　会员注册页面设计

会员注册页面是网站开发过程中经常用到的，本节将利用本章所学知识进行会员注册页面设计，最终效果如图 2-1 和图 2-2 所示。首先，读者事先准备好 3 张用于 ImageButton 控件的素材图片（分别是“提交”、“取消”和“日历显示”）。

具体操作步骤如下：

（1）新建 Addmember.aspx，在页面添加 Panel 控件，设置 ID 为 Panel1。在 Panel1 控件内添加一个 9 行 2 列的 Table 控件。

（2）将 Table 左边单元格 td 的 align 属性全部设置为 right（即右对齐），右边单元格设置为 left（即左对齐）。将第一行的 2 个单元格合并，输入“会员注册”，并设置单元格格式。

（3）左边单元格自上向下依次输入“用户名：”、“密码：”、“确认密码：”、“性别：”、“出生日期：”、“最高学历：”、“个人爱好：”。

（4）右边单元格自上向下依次添加相应的服务器控件，并设置其属性如表 2-6 所示。

表 2-6　表格控件的常用属性及说明

左侧内容	控件 ID	控件类型	说明
用户名	txtname	TextBox	设置 Width 属性为 82px
密码	txtpwd	TextBox	设置 TextMode 属性为 Password

续表

左侧内容	控件 ID	控件类型	说明
确认密码	txtpwd2	TextBox	设置 TextMode 属性为 Password
性别	rbtlsex	RadioButtonList	设置 RepeatDirection 属性为 Horizontal，ListItem 为“男”、“女”
出生日期	Txtdate	TextBox	设置 Enabled 属性为"False"，Width 属性为 83px
	Ibtndate	ImageButton	设置 ImageUrl="~/images/图标.JPG"，onclick="ibtndate_Click"
	clddate	Calendar	设置 onselectionchanged="clddate_SelectionChanged", Visible ="False"
最高学历	ddlschool	DropDownList	设置 ListItem 为研究生、大学生、中学生、小学生
个人爱好	chblove	CheckBoxList	设置 RepeatDirection="Horizontal"，RepeatColumns="3"

（5）将表格最下面一行两个单元格合并，添加两个 ImageButton 控件来表示“提交”和“取消”。

（6）按照上面的操作方法，在 Table 后面再添加一个 Panel 控件 Panel2。在 Panel2 内添加 8 行 2 列的 Table 控件，表格第一个单元格和左边 1 列内容与上面表格内容相同；右边列单元格里，依次添加 Label 服务器控件，ID 属性依次为 lblname、lblpwd、lblsex、lbldate、lblschool、lbllove 等。

（7）最下面一行两个单元格合并，添加一个 Button 控件，设置 onclick="Button1_Click" 和 Text="关闭窗口"。

（8）添加 page_load 和其他 Button 按钮单击事件，详见后台代码。

Addmember.aspx 文件代码如下：

```
<%@ Page Language="C#" AutoEventWireup="true" CodeFile="Addmember.aspx.cs" Inherits="Addmember" %>
<html xmlns="http://www.w3.org/1999/xhtml">
<head runat="server">
    <title>会员注册页面</title>
</head>
<body>
<form id="form1" runat="server">
   <div>
     <asp:Panel ID="Panel1" runat="server">
        <table align="center" cellpadding="0" cellspacing="0" style="border: 2px groove #FF3300;width: 350px; height:
          370px;">
           <tr>
               <td align="center" colspan="2" style="font-size: 20px; color: #FFFFFF; font-weight:bold;
               background-color: #FF6600; height: 50px;">会员注册</td>
           </tr>
           <tr>
               <td align="right">用户名：</td>
               <td align="left">
                    <asp:TextBox ID="txtname" runat="server" Width="82px"/></td>
           </tr>
```

```
<tr>
    <td align="right" >密码：</td>
    <td align="left">
        <asp:TextBox ID="txtpwd" runat="server" TextMode="Password"/></td>
</tr>
<tr>
    <td align="right">确认密码：</td>
    <td align="left">
        <asp:TextBox ID="txtpwd2" runat="server" TextMode="Password"/></td>
</tr>
<tr>
    <td align="right">性别：</td>
    <td align="left">
        <asp:RadioButtonList ID="rbtlsex" runat="server" RepeatDirection="Horizontal">
            <asp:ListItem>男</asp:ListItem>
            <asp:ListItem>女</asp:ListItem>
        </asp:RadioButtonList>
    </td>
</tr>
<tr>
    <td align="right">出生日期：</td>
    <td align="left">
        <asp:TextBox ID="txtdate" runat="server" Width="83px"/>
        <asp:ImageButton ID="ibtndate" runat="server" ImageUrl="~/images/图标.JPG"
            onclick="ibtndate_Click" />
        <asp:Calendar ID="clddate" runat="server" Visible="False" BackColor="#FFFFCC"
            BorderColor="#FFCC66" BorderWidth="1px" DayNameFormat="Shortest"
            Font-Names="Verdana" Font-Size="8pt" ForeColor="#663399" Height="200px"
            onselectionchanged="clddate_SelectionChanged" ShowGridLines="True"
            Width="220px">
            <SelectedDayStyle BackColor="#CCCCFF" Font-Bold="True" />
            <SelectorStyle BackColor="#FFCC66" />
            <TodayDayStyle BackColor="#FFCC66" ForeColor="White" />
            <OtherMonthDayStyle ForeColor="#CC9966" />
            <NextPrevStyle Font-Size="9pt" ForeColor="#FFFFCC" />
            <DayHeaderStyle BackColor="#FFCC66" Font-Bold="True" Height="1px" />
            <TitleStyle BackColor="#990000" Font-Bold="True" Font-Size="9pt"
                ForeColor="#FFFFCC" />
        </asp:Calendar>
    </td>
</tr>
<tr>
    <td align="right">最高学历：</td>
    <td align="left">
        <asp:DropDownList ID="ddlschool" runat="server">
            <asp:ListItem>研究生</asp:ListItem>
            <asp:ListItem Selected="True">大学生</asp:ListItem>
            <asp:ListItem>中学生</asp:ListItem>
```

```
                        <asp:ListItem>小学生</asp:ListItem>
                    </asp:DropDownList>
                </td>
            </tr>
            <tr>
                <td align="right">个人爱好：</td>
                <td align="left" style="height: 60px">
                    <asp:CheckBoxList ID="chblove" runat="server" RepeatColumns="3" RepeatDirection="Horizontal">
                        <asp:ListItem>唱歌</asp:ListItem>
                        <asp:ListItem>跳舞</asp:ListItem>
                        <asp:ListItem>爬山</asp:ListItem>
                        <asp:ListItem>游泳</asp:ListItem>
                        <asp:ListItem>打球</asp:ListItem>
                        <asp:ListItem>网络游戏</asp:ListItem>
                    </asp:CheckBoxList>
                </td>
            </tr>
            <tr>
                <td align="center" colspan="2">
                  <asp:ImageButton ID="btnOk" runat="server" ImageUrl="~/images/btuok.gif"
                        onclick="btnOk_Click1" />
                  <asp:ImageButton ID="Ibtncancel" runat="server" ImageUrl="~/images/btureset.gif"
                        onclick="Ibtncancel_Click" />
                </td>
            </tr>
        </table>
    </asp:Panel>
    <asp:Panel ID="Panel2" runat="server">
        <table align="center" cellpadding="0" cellspacing="0" style="border: 2px groove #FF3300;width: 350px; height:
         370px;">
            <tr>
               <td align="center" colspan="2" style="font-size: 20px; color: #FFFFFF; font-weight:bold;
                 background-color: #FF6600; height: 50px;">会员注册</td>
            </tr>
            <tr>
                <td align="right" style="width: 110px">用户名：</td>
                <td align="left"><asp:Label ID="lblname" runat="server" Text="Label"/></td>
            </tr>
            <tr>
                <td align="right" >密码：</td>
                <td align="left"><asp:Label ID="lblpwd" runat="server" Text="Label"/></td>
            </tr>
            <tr>
                <td align="right">性别：</td>
                <td align="left"><asp:Label ID="lblsex" runat="server" Text="Label"/></td>
            </tr>
            <tr>
                <td align="right">出生日期：</td>
```

```
                <td align="left"><asp:Label ID="lbldate" runat="server" Text="Label"/></td>
            </tr>
            <tr>
                <td align="right">最高学历：</td>
                <td align="left"><asp:Label ID="lblschool" runat="server" Text="Label"/></td>
            </tr>
            <tr>
                <td align="right">个人爱好：</td>
                <td align="left" style="height: 60px"><asp:Label ID="lbllove" runat="server"/></td>
            </tr>
            <tr>
                <td align="center" colspan="2"><asp:Button ID="btnclose" runat="server" onclick="btnclose_Click"
                Text="关闭窗口" /></td>
            </tr>
        </table>
    </asp:Panel>
  </div>
</form>
</body>
</html>
```

Addmember.aspx.cs 文件主要代码如下：

```
protected void Page_Load(object sender, EventArgs e)
{
   Panel2.Visible = false;
   Panel1.Visible = true;
   txtpwd.Attributes["value"] = txtpwd.Text;
txtpwd2.Attributes["value"] = txtpwd2.Text;
}
protected void ibtndate_Click(object sender, ImageClickEventArgs e)
{
   clddate.Visible = true;
}
protected void clddate_SelectionChanged(object sender, EventArgs e)
{
   txtdate.Text = clddate.SelectedDate.ToShortDateString();
   clddate.Visible = false;
}
protected void btnOk_Click(object sender, ImageClickEventArgs e)
{
   Panel1.Visible = false;
   Panel2.Visible = true;
   lbldate.Text = txtdate.Text;
   lbllove.Text = "";
   for (int i = 0; i < chblove.Items.Count; i++)
      {
         if (chblove.Items[i].Selected)
         lbllove.Text += " " + chblove.Items[i].Text;
      }
```

```
    lblname.Text = txtname.Text;
    lblpwd.Text = txtpwd.Text;
    lblschool.Text = ddlschool.SelectedItem.Text;
    lblsex.Text = rbtlsex.SelectedValue;

}
protected void btnclose_Click(object sender, EventArgs e)
{
    Response.Write("<script>window.close();</script>");
}
protected void btnOk_Click1(object sender, ImageClickEventArgs e)
{
    Panel1.Visible = false;
    Panel2.Visible = true;
    lbldate.Text = txtdate.Text;
    lbllove.Text = "";
    for (int i = 0; i < chblove.Items.Count; i++)
        {
            if (chblove.Items[i].Selected)
            lbllove.Text += " " + chblove.Items[i].Text;
        }
    lblname.Text = txtname.Text;
    lblpwd.Text = txtpwd.Text;
    lblschool.Text = ddlschool.SelectedItem.Text;
    lblsex.Text = rbtlsex.SelectedValue;
}
protected void Ibtncancel_Click(object sender, ImageClickEventArgs e)
{
    Response.Redirect("addmember.aspx");
}
```

程序说明：

- 程序用到了 page_load 事件，该事件在页面加载时被引发。其中，设置 Panel 控件的 Visible 属性为 true 和 false，来控制 Panel1 容器和容器内元素可见，Panel2 容器和容器内元素不可见。“txtpwd.Attributes["value"] = txtpwd.Text;”的作用是可以有效防止传回服务器时 Password 类型文本框中的内容丢失。
- btnclose_Click 事件中，“Response.Write("<script>window.close();</script>");”的作用是利用 JavaScript 脚本语言关闭当前窗口。
- Ibtncancel _Click 事件中，“Response.Redirect("addmember.aspx");”是利用 Response 的 Redirect 方法将页面转向 addmember.aspx，从而实现页面的再次加载，即重新打开 addmember.aspx 页面。

提示：由于程序中使用较多的服务器控件，用户在设置控件的 ID 属性时，建议用户遵循“见名知意”的原则。例如，“提交按钮”ImageButton 的 ID 属性可以用“Ibtnsubmit”标记。其中，“Ibtn”是 ImageButton 的缩写，而 submit 是“提交”的意思；“用户名”文本框标记为“txtname”；“关闭”按钮标记为“btnclose”等。

2.5 知识拓展

2.5.1 Panel 控件

Panel 控件在 Web 页面设计中为其他控件提供一个容器，用户可以将 Panel 内的控件作为一个整体进行管理。通常，Panel 控件在使用时，常常通过页面事件代码控制其 Visible 属性，来实现控件与控件内元素的显示和隐藏。

【例 2-14】利用 Panel 控件实现页面部分内容的显示和隐藏，如图 2-19 所示。用户单击“查看详细说明”链接时，出现详细说明文字内容和按钮；当用户单击“已阅读，隐藏”按钮时，说明文字和按钮再次被隐藏（Ex2-14.aspx）。

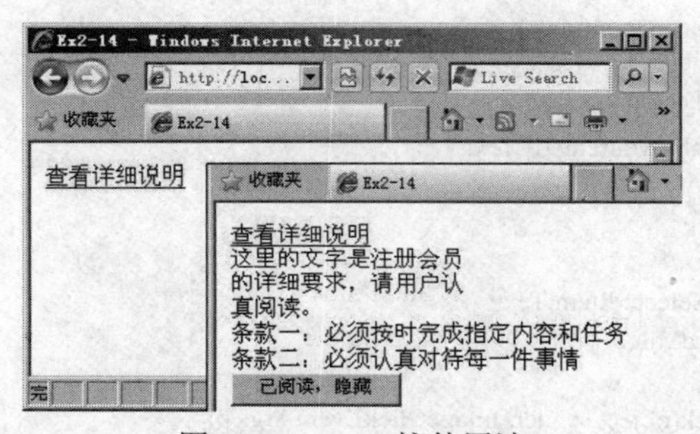

图 2-19　Panel 控件用法

Ex2-14.aspx 文件代码如下：

```
<%@ Page Language="C#" AutoEventWireup="true" CodeFile="Ex2-14.aspx.cs" Inherits="Ex2_14" %>
<html xmlns="http://www.w3.org/1999/xhtml">
<head runat="server">
    <title>Ex2-14</title>
</head>
<body>
    <form id="form1" runat="server">
    <div>
        <asp:LinkButton ID="lbtnlook" runat="server" onclick="lbtnlook_Click">查看详细说明</asp:LinkButton>
        <asp:Panel ID="Panel1" runat="server" Visible="False">
            <asp:Label ID="lbl1" runat="server" Text="这里的文字是注册会员的详细要求，请用户认真阅读。"
            Width="160px"/><br />
            <asp:Label ID="lbl2" runat="server" Text="条款一：必须按时完成指定内容和任务"/><br />
            <asp:Label ID="lbl3" runat="server" Text="条款二：必须认真对待每一件事情"/><br />
            <asp:Button ID="btnok" runat="server" onclick="btnok_Click" Text="已阅读，隐藏" />
        </asp:Panel>
    </div>
    </form>
</body>
</html>
```

Ex2-14.aspx.cs 文件主要代码如下：

```
protected void btnok_Click(object sender, EventArgs e)
{
    Panel1.Visible = false;
}
protected void lbtnlook_Click(object sender, EventArgs e)
{
    Panel1.Visible = true;
}
```

2.5.2 Image 控件

Image 控件主要用于页面显示图像信息。VS 2008 工具箱中有标准类的 Image 控件和 HTML 类的 Image 控件两种，前者表示标准服务器控件，常用于显示动态变化的图像；后者是 HTML 服务器控件，用于页面一般静态图片的显示。这里仅针对标准服务器控件 Image 进行介绍。

【例 2-15】利用 Image 控件实现用户个性头像的选择，如图 2-20 所示。用户通过下拉菜单进行头像选择，显示图片随之变化。该实例操作前，用户要在网站的 images 文件夹里放置 4 张头像图片，文件名分别为 man1.jpg、wom1.jpg、man2.jpg 和 wom2.jpg（Ex2-15.aspx）。

图 2-20　Image 控件用法

Ex2-15.aspx 文件代码如下：

```
<%@ Page Language="C#" AutoEventWireup="true" CodeFile="Ex2-15.aspx.cs" Inherits="Ex2_15" %>
<html xmlns="http://www.w3.org/1999/xhtml">
<head runat="server">
    <title>Ex2-15</title>
</head>
<body>
    <form id="form1" runat="server">
    <div>
        请选择头像：
        <asp:DropDownList ID="ddl1" AutoPostBack="True" runat="server" onselectedindexchanged=
         "ddl1_SelectedIndexChanged">
            <asp:ListItem Value="man1" Selected="True">男生头像 1</asp:ListItem>
```

```
                <asp:ListItem Value="wom1">女生头像 1</asp:ListItem>
                <asp:ListItem Value="man2">男生头像 2</asp:ListItem>
                <asp:ListItem Value="wom2">女生头像 2</asp:ListItem>
            </asp:DropDownList><br />
            <asp:Image ID="Image1" runat="server" Height="140px" Width="140px" />
        </div>
        </form>
</body>
</html>
```

Ex2-15.aspx.cs 文件主要代码如下：

```
protected void Page_Load(object sender, EventArgs e)
{
    Image1.ImageUrl = "~/images/" + ddl1.SelectedValue + ".jpg";
}
protected void ddl1_SelectedIndexChanged(object sender, EventArgs e)
{
    Image1.ImageUrl = "~/images/" + ddl1.SelectedValue + ".jpg";
}
```

程序说明：

Page_Load 事件中，“Image1.ImageUrl = "~/images/" + ddl1.SelectedValue + ".jpg";”的作用是在页面加载时显示 DropDownList 控件默认选项对应的头像。

2.5.3 ListBox 控件

ListBox 控件是和 DropDownList 控件功能类似的列表框控件，用户可以从列表框中选择选项。ListBox 控件和 DropDownList 控件的区别在于前者允许用户一次选择多个选项，而后者只允许一次选择一个选项。ListBox 控件的常用属性及说明如表 2-7 所示。

表 2-7 ListBox 控件的常用属性及说明

属性	说明
Items	返回 ListBox 控件中 ListItem 对象
Rows	控件内容显示的行数
SelectedIndex	控件被选中的 Index 值
SelectedItem	控件被选中的 ListItem 对象
SelectedItems	返回控件被多选时的 ListItems 集合
SelectedMode	设置控件是否支持多选，值为 Multiple 支持多选。默认值为 Single

【例 2-16】利用 ListBox 控件实现用户个人爱好多项选择，如图 2-21 所示。用户通过在选项中选择相应的项，单击“提交”按钮后，右边的提示文字随之变化。该案例支持使用 Ctrl 键和 Shift 键进行多项选择（Ex2-16.aspx）。

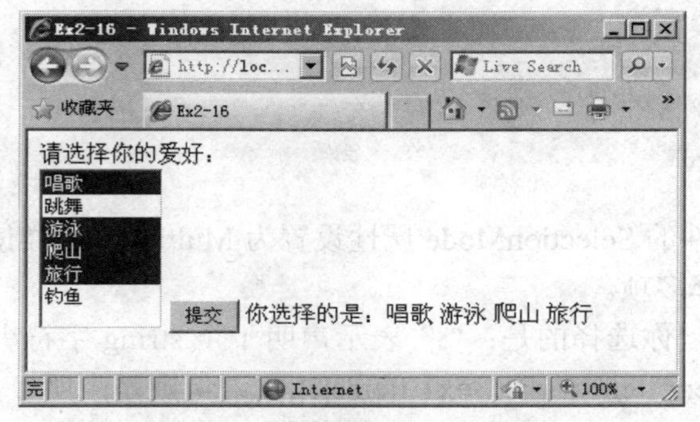

图 2-21 ListBox 控件用法

Ex2-16.aspx 文件主要代码如下：

```
<%@ Page Language="C#" AutoEventWireup="true" CodeFile="Ex2-16.aspx.cs" Inherits="Ex2_16" %>
<html xmlns="http://www.w3.org/1999/xhtml">
<head runat="server">
    <title>Ex2-16</title>
</head>
<body>
    <form id="form1" runat="server">
    <div>
        请选择你的爱好：<br />
        <asp:ListBox ID="ListBox1" runat="server" Height="114px" SelectionMode="Multiple" Width="84px">
            <asp:ListItem>唱歌</asp:ListItem>
            <asp:ListItem>跳舞</asp:ListItem>
            <asp:ListItem>游泳</asp:ListItem>
            <asp:ListItem>爬山</asp:ListItem>
            <asp:ListItem>旅行</asp:ListItem>
            <asp:ListItem>钓鱼</asp:ListItem>
        </asp:ListBox>
        <asp:Button ID="Button1" runat="server" onclick="Button1_Click" Text="提交" />
        <asp:Label ID="Label1" runat="server" Text="Label"></asp:Label>
    </div>
    </form>
</body>
</html>
```

Ex2-16.aspx.cs 文件主要代码如下：

```
protected void Button1_Click(object sender, EventArgs e)
{
    string sss = "你选择的是：";
    for (int i = 0; i < ListBox1.Items.Count; i++)
    {
        ListItem item = ListBox1.Items[i];
        if (item.Selected)
        {
            sss += item.Text + " ";
```

```
        }
    }
    Label1.Text = sss;
}
```

程序说明：

- 将 ListBox 控件的 SelectionMode 属性设置为 Multiple，这样使得 ListBox 支持 Ctrl 键和 Shift 键选择多项。
- “string sss = "你选择的是："；”表示声明 1 个 string 字符串变量 sss 并赋初值。相应地，“ListItem item = ListBox1.Items[i];”语句则是声明 1 个 ListItem 变量 item 并赋初值。

3 数据验证控件

【学习目标】

通过本章知识的学习，读者在充分理解验证控件作用的前提下，掌握 RequiredField Validator、CompareValidator、RangeValidator、RegularExpressionValidator 等页面验证控件的使用方法，并利用本章知识完善、改进用户注册页面。通过本章内容的学习，读者可以达到以下学习目的：

- 了解验证控件的作用。
- 掌握 RequiredFieldValidator 验证控件的使用方法。
- 掌握 CompareValidator 验证控件的使用方法。
- 掌握 RangeValidator 验证控件的使用方法。
- 掌握 RegularExpressionValidator 验证控件的使用方法。
- 掌握 CustomValidator 验证控件的使用方法。
- 掌握 ValidationSummary 验证控件的使用方法。

3.1 情景分析

通过第 2 章内容的学习，我们已经能够实现用户注册页面的开发。但日常生活中，网站恶意注册、用户手误等类似事件时有发生。为了保证网站得到数据的有效性，数据验证是一项十分有效的手段。

数据验证实际上是对用户输入数据的一种限制，从而确保用户输入的数据是正确的、满足实际要求的。例如，“用户名”必须输入，“确认密码”必须和“密码”内容必须相同，电子邮箱的格式必须正确，用户的邮编必须合法，年龄必须符合范围要求等。

企业网站在前台的用户注册、用户登录和意见反馈等页面，以及网站后台管理的新闻发布、商品信息管理等页面，都要充分考虑页面收集数据的有效性问题，使得客户端的用户在输入时就避免一些常见错误。本章将结合第 2 章会员注册页面，通过利用数据验证控件进行数据有效性约束，使得当用户名没有输入，密码或确认密码没有输入，或者再次输入内容不一致等时进行错误提示，效果如图 3-1 所示。

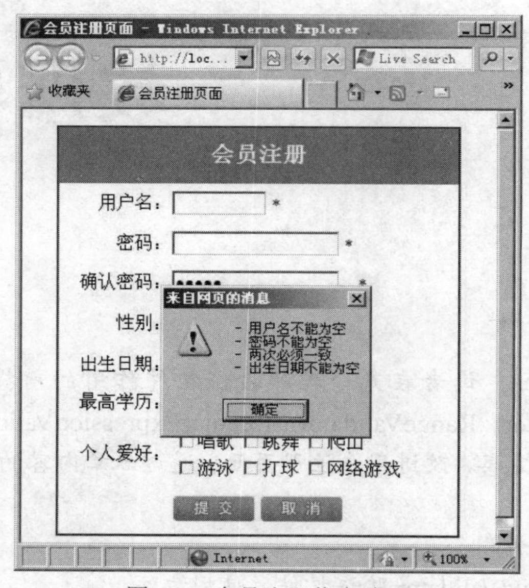

图 3-1　会员注册信息验证

3.2　数据验证控件

在早期的 ASP 中，程序员要实现数据的有效性验证，只能使用各种各样的判定语句，因此网页代码经常会看到很多 if 语句。而 ASP.NET 为了简化开发人员的工作，提供了多种数据验证控件进行有效的数据验证。如必需字段验证控件 RequiredFieldValidator、比较验证控件 CompareValidator、范围验证控件 RangeValidator、正则表达式验证控件 RegularExpression Validator、自定义验证控件 CustomValidator 和验证总结控件 ValidationSummary 等。用户可以利用验证控件进行简单操作，就可实现复杂的数据验证，从而大大提高了开发效率。

3.2.1　RequiredFieldValidator 控件

RequiredFieldValidator 控件称为“必需字段验证控件”，用于控制指定控件对象必须输入的内容，如限制输入用户号的文本框 TextBox 控件等。RequiredFieldValidator 控件常用属性如表 3-1 所示。

表 3-1　RequiredFieldValidator 控件的常用属性及说明

属性	说明
ControlToValidate	要验证的控件对象 ID
Text	当验证的控件无效时显示的验证程序文本
ErrorMessage	当验证的控件无效时在 ValidationSummary 中显示的消息，此属性要结合 ValidationSummary 控件使用
ValidationGroup	验证程序所属的组
SetFocusOnError	当验证的控件无效时是否自动将焦点设置到被验证的控件上

【例 3-1】利用 RequiredFieldValidator 控件实现用户登录，但用户没有输入用户名，或者单击“登录”按钮时，相应文本框右侧出现错误提示，如图 3-2 所示。当输入用户名、密码登录时，系统出现用户输入信息（Ex3-1.aspx）。

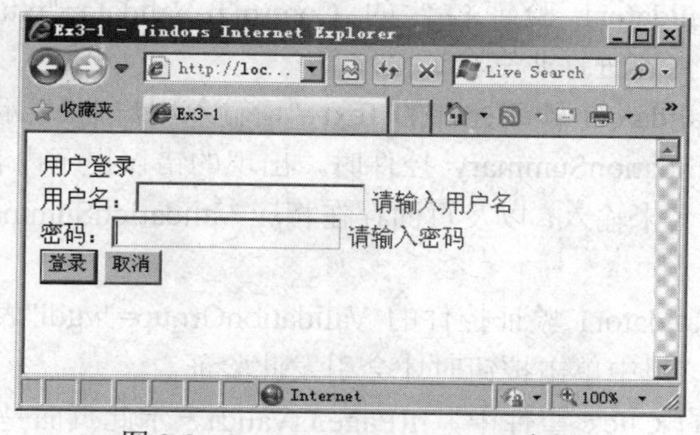

图 3-2　RequiredFieldValidator 实例

Ex3-1.aspx 文件代码如下：

```
<%@ Page Language="C#" AutoEventWireup="true"    CodeFile="Ex3-1.aspx.cs" Inherits="_Default" %>
<html>
<head runat="server">
    <title>Ex3-1</title>
</head>
<body>
    <form id="form1" runat="server">
    <div>
        用户登录<br />
        用户名：<asp:TextBox ID="txtname" runat="server"></asp:TextBox>
        <asp:RequiredFieldValidator ID="RequiredFieldValidator1" runat="server" ControlToValidate="txtname"
        ValidationGroup="vgdl" ErrorMessage="结合使用" Text="请输入用户名"/>
        <br />
```

```
            密码：<asp:TextBox ID="txtpwd" runat="server"></asp:TextBox>
            <asp:RequiredFieldValidator ID="RequiredFieldValidator2" runat="server"
                ControlToValidate="txtpwd" ValidationGroup="vgdl" ErrorMessage="结合使用"
                SetFocusOnError="True">请输入密码</asp:RequiredFieldValidator>
            <br />
            <asp:Button ID="Button1" runat="server" Text="登录" ValidationGroup="vgdl"
                onclick="Button1_Click" />
            <asp:Button ID="Button2" runat="server" Text="取消" />

        </div>
        </form>
</body>
</html>
```

Ex3-1.aspx.cs 文件主要代码如下：

```
protected void Button1_Click(object sender, EventArgs e)
{
    if(Page.IsValid)
        Response.Write("你填写的用户名是"+txtname.Text+"，密码是"+txtpwd.Text);
}
```

程序说明：

- RequiredFieldValidator1 验证控件的 ControlToValidate="txtname"表示此控件要对 txtname 控件的内容进行非空验证。
- RequiredFieldValidator1 验证控件的 Text="请输入用户名"表示用户名未输入，以及页面没有相应 ValidationSummary 控件时，出现的错误提示内容；ErrorMessage="结合使用"表示用户名未输入，以及页面存在相应 ValidationSummary 控件时，出现的错误提示内容。
- RequiredFieldValidator1 验证控件的 ValidationGroup="vgdl"表示此验证控件属于控件组 vgdl，当在该组中单击按钮时才会引发此验证。
- “登录”按钮的 Click 事件中，if(Page.IsValid)表示此页面是否通过了验证。Web 页面中的所有验证控件都通过验证时，Page 类的 IsValid 属性为 true，否则为 false。

提示：用户可以使用验证控件的 ValidationGroup 属性将页面验证控件归组，使控件和组之间产生关联。利用组，用户可以对每个验证组执行验证，该组的验证与同一页面的其他验证组无关。如果控件未指定验证组，则会验证默认组，默认组由所有没有显式分配组的验证控件组成。

3.2.2 CompareValidator 控件

CompareValidator 控件称为“比较验证控件”，主要用于验证用户在 TextBox 控件输入的内容与其他控件内容或者某个固定值是否相同。比如，修改密码时，需要输入两次修改后的密码。同时，CompareValidator 控件还可以进行大于、小于和不等于等比较操作。

CompareValidator 控件常用属性如表 3-2 所示。

表 3-2 CompareValidator 控件的常用属性及说明

属性	说明
ControlToValidate	要验证的控件对象 ID
ControlToCompare	要进行比较的控件 ID
ValueToCompare	指定要比较的常数值
Operator	要执行的比较运算类型，如大于、小于、等于等
Type	定义控件输入值的类型
Text	当验证的控件无效时显示的验证程序文本
ValidationGroup	验证程序所属的组
ErrorMessage	当验证的控件无效时在 ValidationSummary 中显示的消息，此属性要结合 ValidationSummary 控件使用
SetFocusOnError	当验证的控件无效时是否自动将焦点设置到被验证的控件上

【例 3-2】利用 CompareValidator 控件实现用户密码验证，但用户两次输入的密码不一致时，相应文本框右侧出现错误提示，如图 3-3 所示（Ex3-2.aspx）。

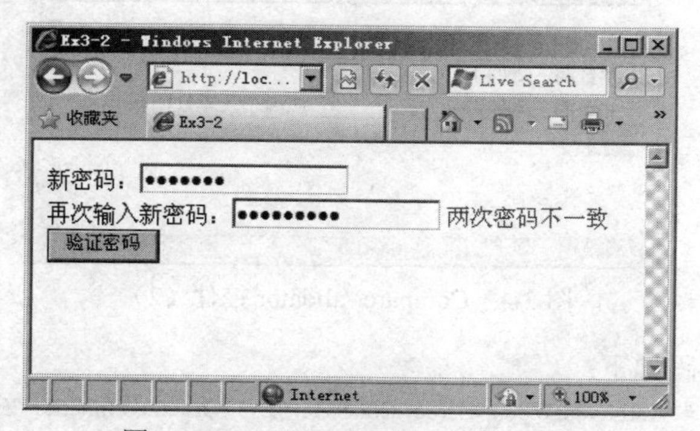

图 3-3 CompareValidator 控件（1）

Ex3-2.aspx 文件代码如下：

```
<%@ Page Language="C#" AutoEventWireup="true" CodeFile="Ex3-2.aspx.cs" Inherits="Ex3_2" %>
<html>
<head runat="server">
    <title>Ex3-2</title>
</head>
<body>
    <form id="form1" runat="server">
    <div>
        新密码：<asp:TextBox ID="txtpwd1" runat="server" TextMode="Password"></asp:TextBox>
        <br />
        再次输入新密码：<asp:TextBox ID="txtpwd2" runat="server" TextMode="Password"></asp:TextBox>
        <asp:CompareValidator ID="CompareValidator1" runat="server"
```

```
                ControlToCompare="txtpwd1" ControlToValidate="txtpwd2" SetFocusOnError="True">两次密码不一致
                </asp:CompareValidator>
            <br />
            <asp:Button ID="Button1" runat="server" Text="验证密码" />
        </div>
        </form>
</body>
</html>
```

程序说明：

- CompareValidator1 验证控件的 ControlToCompare="txtpwd1" ControlToValidate="txtpwd2"，表示此控件要对 txtpwd2 控件内容与 txtpwd1 控件内容对比。
- CompareValidator1 验证控件的 SetFocusOnError="True"，表示当验证未通过时，自动将焦点设置到 ControlToCompare 所指的被验证控件里。

【例 3-3】利用 CompareValidator 控件实现数据比较验证，如图 3-4 所示。其中，“年龄”应输入数字大于 18，“毕业日期”应晚于“入学日期（Ex3-3.aspx）。

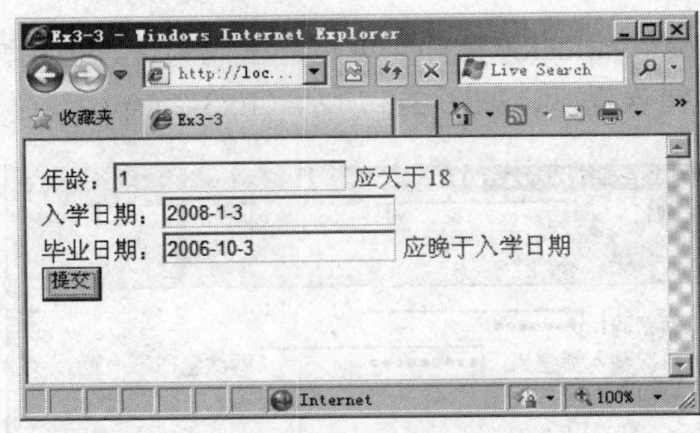

图 3-4　CompareValidator 控件（2）

Ex3-3.aspx 文件代码如下：

```
<%@ Page Language="C#" AutoEventWireup="true" CodeFile="Ex3-3.aspx.cs" Inherits="Ex3_3" %>
<html xmlns="http://www.w3.org/1999/xhtml">
<head runat="server">
    <title>Ex3-3</title>
</head>
<body>
    <form id="form1" runat="server">
    <div>
        年龄：<asp:TextBox ID="txtage" runat="server"></asp:TextBox>
        <asp:CompareValidator ID="CompareValidator1" runat="server"
            ControlToValidate="txtage" Operator="GreaterThan"
            Type="Integer" ValueToCompare="18">应大于 18</asp:CompareValidator>
        <br />
        入学日期：<asp:TextBox ID="txtrx" runat="server"></asp:TextBox>
        <br />
        毕业日期：<asp:TextBox ID="txtby" runat="server"></asp:TextBox>
```

```
            <asp:CompareValidator ID="CompareValidator2" runat="server" ControlToCompare="txtrx"
            ControlToValidate="txtby" Operator="GreaterThan"
            Type="Date">应晚于入学日期</asp:CompareValidator>
            <br />
            <asp:Button ID="Button1" runat="server" onclick="Button1_Click" Text="提交" />
        </div>
        </form>
</body>
</html>
```

程序说明：

- Operator="GreaterThan" Type="Integer" ValueToCompare="18"表示被验证控件内容与数据类型为 Integer 的 18 进行大于验证。
- CompareValidator 常用验证数据类型 Type 值有字符 String、32 位整数 Integer、双精度浮点型数值 Double 和日期数据 Date 等。
- CompareValidator 常用比较验证运算有等于 Equal、不等于 NotEqual、大于 GreaterThan 和小于 LessThan 等。

提示：当 CompareValidator 控件同时设置了 ControlToCompare 和 ValueToCompare 属性时，ControlToCompare 属性优先，即被验证控件将与 ControlToCompare 属性指定控件进行比较。

3.2.3 RangeValidator 控件

RangeValidator 控件称为“范围验证控件”，用于检查控件内输入值是否介于最小值和最大值之间，如用户输入的考试成绩要求必须在 1～100 范围内。

RangeValidator 控件常用属性除了前面介绍过的 ControlToValidate、Text、Type、ErrorMessage 等属性外，还有最小值 MinimumValue 和最大值 MaximumValue 用于限制验证范围。

【例 3-4】利用 RangeValidator 控件实现成绩录入的范围必须在 0～100 之间，如图 3-5 所示（Ex3-4.aspx）。

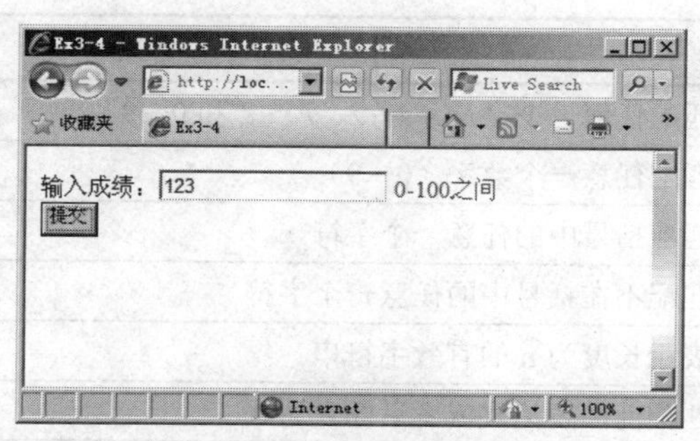

图 3-5 RangeValidator 控件

Ex3-4.aspx 文件代码如下：

```
<%@ Page Language="C#" AutoEventWireup="true" CodeFile="Ex3-4.aspx.cs" Inherits="Ex3_4" %>
<html xmlns="http://www.w3.org/1999/xhtml">
```

```
    <head runat="server">
        <title>Ex3-4</title>
    </head>
    <body>
        <form id="form1" runat="server">
        <div>
            输入成绩：<asp:TextBox ID="TextBox1" runat="server"></asp:TextBox>
            <asp:RangeValidator ID="RangeValidator1" runat="server"
                ControlToValidate="TextBox1" MaximumValue="100" MinimumValue="0"
                Type="Double">0-100 之间</asp:RangeValidator>
            <br />
            <asp:Button ID="Button1" runat="server" Text="提交" />
        </div>
        </form>
    </body>
    </html>
```

提示：由于 RangeValidator 控件并不能有效控制空值输入，所以通常在使用 RangeValidator 控件验证的同时使用 RequiredFieldValidator 验证。

3.2.4 RegularExpressionValidator 控件

RegularExpressionValidator 控件称为“正则表达式验证控件”，用于要求有特定格式的输入，如电子邮件、邮政编码、身份证号等。同时，对于一些特定的格式要求，用户也可以自行定义验证表达式。

RegularExpressionValidator 控件常用属性有 ControlToValidate、Text、ValidationExpression 等。其中，ValidationExpression 属性主要用来指定 RegularExpressionValidator 控件的正则表达式。正则表达式是由普通字符和一些特殊字符组成的字符模式，常见的正则表达式字符及其含义如表 3-3 所示。

表 3-3　常用正则表达式字符及其含义

正则表达式字符	含义
\w	匹配任何一个字符（a～z、A～Z 和 0～9）
\d	匹配任意一个数字（0～9）
[……]	匹配括号中的任意一个字符
[^……]	匹配不在括号中的任意一个字符
{n}	表示长度为 n 的有效字符串
		匹配前面表达式或者后面表达式
[0-n]或者[a-z]	表示某个范围内的数字或字母
\S	与任何非单词字符匹配
\.	匹配点字符

下面列举几个常用的正则表达式：

- 验证电子邮件：\S+@\S+\. \S+。
- 验证网址：http://\S+\. \S+ 和 HTTP://\S+\. \S+。
- 验证邮政编码：\d{6}。
- 验证固定电话：\d{3,4}-\d{7,8}。

【例 3-5】利用 RegularExpressionValidator 控件验证用户信息填写格式，效果如图 3-6 所示（Ex3-5.aspx）。

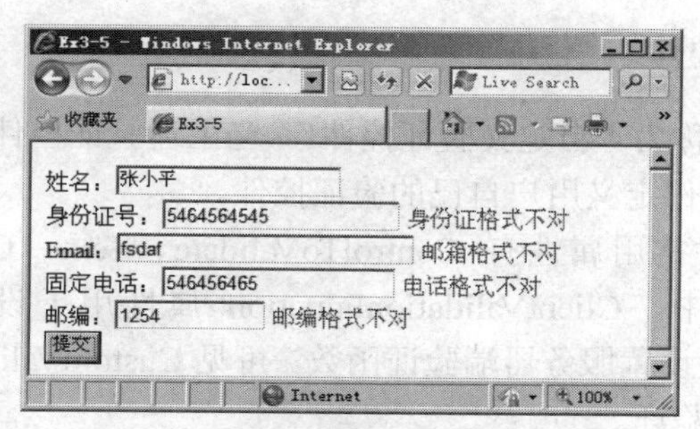

图 3-6　RegularExpressionValidator 控件

Ex3-5.aspx 文件代码如下：

```
<%@ Page Language="C#" AutoEventWireup="true" CodeFile="Ex3-5.aspx.cs" Inherits="Ex3_5" %>
<html xmlns="http://www.w3.org/1999/xhtml">
<head runat="server">
    <title>Ex3-5</title>
</head>
<body>
    <form id="form1" runat="server">
    <div>
        姓名：<asp:TextBox ID="txtname" runat="server"></asp:TextBox>
        <br />
        身份证号：<asp:TextBox ID="txtcard" runat="server" Width="164px"></asp:TextBox>
        <asp:RegularExpressionValidator ID="RegularExpressionValidator1" runat="server"
            ControlToValidate="txtcard" ValidationExpression="\d{17}[\d|X]|\d{15}">身份证格式不对
        </asp:RegularExpressionValidator>
        <br />
        Email：<asp:TextBox ID="txtmail" runat="server" Width="205px"></asp:TextBox>
        <asp:RegularExpressionValidator ID="RegularExpressionValidator2" runat="server"
            ControlToValidate="txtmail" ValidationExpression="\w+([-+.']\w+)*@\w+([-.]\w+)*\.\w+([-.]
            \w+)*">邮箱格式不对</asp:RegularExpressionValidator>
        <br />
        固定电话：<asp:TextBox ID="txttel" runat="server" Width="161px"></asp:TextBox>
        <asp:RegularExpressionValidator ID="RegularExpressionValidator3" runat="server"
            ControlToValidate="txttel" ValidationExpression="(\(\d{3}\)|\d{3}-)?\d{8}">电话格式不对
        </asp:RegularExpressionValidator>
        <br />
```

```
            邮编：<asp:TextBox ID="txtpost" runat="server" Width="104px"></asp:TextBox>
            <asp:RegularExpressionValidator ID="RegularExpressionValidator4" runat="server"
                ControlToValidate="txtpost" ValidationExpression="\d{6}">邮编格式不对
            </asp:RegularExpressionValidator>
            <br />
            <asp:Button ID="Button1" runat="server" Text="提交" />
        </div>
        </form>
</body>
</html>
```

3.2.5 CustomValidator 控件

CustomValidator 控件称为“自定义验证控件”。当上述验证控件无法满足用户要求时，可以使用 CustomValidator 控件定义用户自己的验证控件。

CustomValidator 控件常用属性有 ControlToValidate、Text、ClientValidationFunction 和 OnServerValidate 等。其中，ClientValidationFunction 属性用于设置客户端验证函数；而 OnServerValidate 属性用于设置服务器端验证函数。可见 CustomValidator 控件既支持客户端验证，同时也支持服务器端验证。

【例 3-6】利用 CustomValidator 控件，用服务器端验证用户名是否已被注册。如果用户名已被注册（如 admin），提示“用户名已被注册!”，效果如图 3-7 所示（Ex3-6.aspx）。

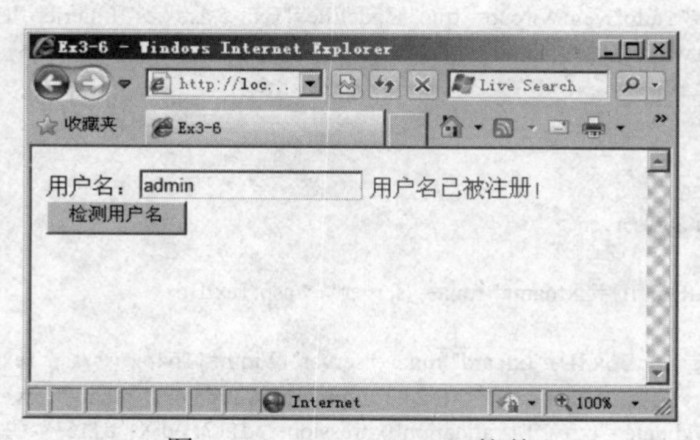

图 3-7 CustomValidator 控件

Ex3-6.aspx 文件代码如下：

```
<%@ Page Language="C#" AutoEventWireup="true" CodeFile="Ex3-6.aspx.cs" Inherits="Ex3_6" %>
<html xmlns="http://www.w3.org/1999/xhtml">
<head runat="server">
    <title>Ex3-6</title>
</head>
<body>
    <form id="form1" runat="server">
    <div>
        用户名：<asp:TextBox ID="TextBox1" runat="server"></asp:TextBox>
```

```
            <asp:CustomValidator ID="CustomValidator1" runat="server"
                ControlToValidate="TextBox1" ErrorMessage="用户名已被注册！"
                onservervalidate="CustomValidator1_ServerValidate"></asp:CustomValidator>
            <br />
            <asp:Button ID="Button1" runat="server" Text="检测用户名" />
        </div>
        </form>
</body>
</html>
```

Ex3-6.aspx.cs 文件主要代码如下：

```
protected void CustomValidator1_ServerValidate(object source, ServerValidateEventArgs args)
{
    if (args.Value == "admin")
    {
        args.IsValid = false;
    }
    else
    {
        args.IsValid = true;
    }
}
```

程序说明：

- OnServerValidate="CustomValidator1_ServerValidate"表示 CustomValidator1 验证控件的服务器端验证函数，即 OnServerValidate 事件。该事件可以通过双击验证控件或者双击控件的 OnServerValidate 属性进行编辑。
- CustomValidator 验证控件 OnServerValidate 事件有 source 和 args 两个参数。前者表示对调用此事件的 CustomValidator 控件的引用，后者表示要验证的用户输入。另外，用户输入参数 args 有 Value 和 IsValid 两个属性，分别表示被验证的值和返回验证结果。

3.2.6 ValidationSummary 控件

ValidationSummary 控件称为“验证总结控件”，用于在页面上以列表的形式集中显示所有验证控件的错误信息，即各验证控件的 ErrorMessage 属性值。

ValidationSummary 控件常用属性有 ValidationGroup、DisplayMode、ShowSummary 和 ShowMessageBox 等。DisplayMode 属性用于指定错误信息的显示格式，属性值可为 BulletList、List 或者 SingleParagraph，它们依次表示以项目符号列表形式、列表形式和段落形式显示结果；ShowSummary 属性用于控制错误信息是否显示在页面上；ShowMessageBox 属性用于控制错误信息是否以弹出窗口形式出现。

【例 3-7】利用 ValidationSummary 控件进行错误信息汇总。要求必须填写收货人和移动电话信息，移动电话要求符合移动电话格式，且金额控制范围为 10～50。错误信息以弹出窗口形式显示，效果如图 3-8 所示（Ex3-7.aspx）。

图 3-8 ValidationSummary 控件

Ex3-7.aspx 文件代码如下：

```
<%@ Page Language="C#" AutoEventWireup="true" CodeFile="Ex3-7.aspx.cs" Inherits="Ex3_7" %>
<html xmlns="http://www.w3.org/1999/xhtml">
<head runat="server">
    <title>Ex3-7</title>
</head>
<body>
    <form id="form1" runat="server">
    <div>
        收货人：<asp:TextBox ID="txtname" runat="server" Width="103px"></asp:TextBox>
        <asp:RequiredFieldValidator ID="RequiredFieldValidator1" runat="server"
            ControlToValidate="txtname" ErrorMessage="收货人不能为空">*</asp:RequiredFieldValidator>
        <br />
        移动电话：<asp:TextBox ID="txttel" runat="server" Width="178px"></asp:TextBox>
        <asp:RequiredFieldValidator ID="RequiredFieldValidator2" runat="server"
            ControlToValidate="txttel" ErrorMessage="移动电话不能为空">*</asp:RequiredFieldValidator>
        <asp:RegularExpressionValidator ID="RegularExpressionValidator1" runat="server"
            ControlToValidate="txttel" ErrorMessage="移动电话格式不正确"
            ValidationExpression="^(1(([35][0-9])|(47)|[8][0126789]))\d{8}$">*
        </asp:RegularExpressionValidator>
        <br />
        金额：<asp:TextBox ID="txtmoney" runat="server" Width="85px"></asp:TextBox>
        <asp:RangeValidator ID="RangeValidator1" runat="server"
            ControlToValidate="txtmoney" ErrorMessage="金额范围 10-50" MaximumValue="50"
            MinimumValue="10">*</asp:RangeValidator>
        <br />
        <asp:Button ID="Button1" runat="server" Text="确认" />
        <asp:ValidationSummary ID="ValidationSummary1" runat="server"
            ShowMessageBox="True" ShowSummary="False"/>
    </div>
    </form>
</body>
</html>
```

提示：验证控件的 ErrorMessage 属性和 Text 属性都是用于显示错误信息。两者的区别在于，ErrorMessage 属性的信息显示在 ValidationSummary 控件中，而 Text 属性的错误信息显示在页面主体文件中；而且通常情况下，Text 属性值比较短小（如“*”），而 ErrorMessage 属性值是对错误的完整说明。

3.3 会员注册信息验证

通过第 2 章的操作，已经完成了会员注册页面的设计，本节将在第 2 章会员注册页面的基础上，结合数据验证控件完成会员注册信息的验证，效果如图 3-1 所示。

具体操作步骤如下：

（1）打开会员注册页面文件 Addmember.aspx，在此基础上进行完善。

（2）在用户名、密码、确认密码、出生日期对应行的后面，依次添加必需字段检验控件 rfvname、rfvpws、rfvpws2 和 rfvbir。

（3）在确认密码和出生日期对应行后面，依次添加比较验证控件 cvpwd2 和 rvbir。

（4）在页面添加一个验证总结控件 vsall，并将所有验证控件属性按表 3-4 进行设置。

表 3-4 验证控件属性设置说明

左侧内容	控件 ID	控件类型	属性设置
用户名	rfvname	RequiredFieldValidator	ControlToValidate="txtname" ErrorMessage="用户名不能为空" SetFocusOnError="True" Text="*" ValidationGroup="memok"
密码	rfvpws	RequiredFieldValidator	ControlToValidate="txtpwd" ErrorMessage="密码不能为空" SetFocusOnError="True" Text="*" ValidationGroup="memok"
确认密码	rfvpws2	RequiredFieldValidator	ControlToValidate="txtpwd2" ErrorMessage="确认密码不能为空" SetFocusOnError="True" Text="*" ValidationGroup="memok"
	cvpwd2	CompareValidator	ControlToCompare="txtpwd" ControlToValidate="txtpwd2" ErrorMessage="两次必须一致" SetFocusOnError="True" Text="*" ValidationGroup="memok"

续表

左侧内容	控件 ID	控件类型	属性设置
出生日期	rfvbir	RequiredFieldValidator	ControlToValidate="txtdate" ErrorMessage="出生日期不能为空" SetFocusOnError="True" Text="*" ValidationGroup="memok"
	rvbir	RangeValidator	ControlToValidate="txtdate" ErrorMessage="出生日期为 1988 年-2008 年之间" MaximumValue="2008-12-31" MinimumValue="1988-1-1" Type="Date" Text="*" ValidationGroup="memok"
	vsall	ValidationSummary	ShowMessageBox="True" ShowSummary="False" ValidationGroup="memok"

（5）设置“提交”按钮的 ValidationGroup 属性为 memok，保存即可。

程序说明：

- 将所有验证控件的 SetFocusOnError 属性设置为 True，表示当未能通过验证时，焦点自动定位到相应的被验证控件内。
- 由于日期选择按钮要触发后台程序代码，需要向服务器端进行数据回传，这样会激发对验证控件的验证。程序将所有的验证控件及“提交”按钮的 ValidationGroup 属性设置为 memok，使它们成为一个验证组，这样可以避免页面服务器回传而引发的问题。

3.4 知识拓展

3.4.1 客户端验证和服务器端验证

页面验证根据验证发生的位置不同，分为客户端验证和服务器端验证两种，客户端验证是指在客户端浏览器上进行验证，但由于浏览器在不启用 JavaScript 时，仍然可以打开 EnableClientScript，所以验证很容易被绕过。而服务器端验证可以避免这种情况发生，但由于访问服务器需要增大系统开销，在速度和效率上比客户端验证要差。用户在选择客户端验证和服务器端验证时，要结合网站的安全性和系统开销两个方面进行综合考虑。

3.4.2 验证组

从 ASP.NET 2.0 开始，Framework 引入了验证组（ValidationGroup）的概念。通过设置验证控件及命令按钮的 ValidationGroup 属性，把多个控件有机组合，从而构成一个组。当单击组中某个按钮时，页面只对该组中的验证控件进行检验，而不检验非组成员元素。这样可以实现页面不同验证组之间的互不影响，从而使得页面开发工作更为灵活。

多数情况下，页面的验证工作是由单击按钮控件（Button、LinkButton 和 ImageButton 等）所引发的。页面设计过程中，单击按钮默认是检测验证的，但在有些情况下不要求验证（如 LinkButton 实现的页面跳转等）。这时，用户可以通过设置按钮控件的是否激发验证属性 CauseValidation 为 false，从而禁用验证。对于会员注册页面而言，用户也可以采用这种方法达到信息验证的目的。

4 ADO.NET 数据访问

【学习目标】

通过本章知识的学习，读者在深入理解 ADO.NET 访问数据库信息的基础上，掌握 Connection、Command、DataReader、DataAdapter 和 DataSet 等 ADO.NET 核心组件的使用方法，并利用本章知识进行网站会员信息管理中的浏览、添加、删除和修改等常用操作。通过本章内容的学习，读者可以达到以下学习目的：

- 了解 ADO.NET 数据访问技术。
- 理解并掌握 Connection、Command、DataAdapter 和 DataSet 等 ADO.NET 核心组件的使用方法。
- 掌握 ADO.NET 访问 Access 和 SQL Server 数据库的方法。
- 掌握 Web.config 文件配置数据库连接的方法。

4.1 情景分析

动态网站与静态网站最主要的区别在于其对网站后台数据库的访问。ASP.NET 中的 ADO.NET 组件，为动态网站对数据库的交互管理提供了便捷，大大简化了数据库的信息浏览、添加、修改和删除操作，从而提高了开发效率。

在企业网站的开发过程中，运用 ADO.NET 对后台数据库进行数据管理的操作十分普遍。本章将围绕网站的会员注册、会员信息查询、会员信息修改及删除会员信息等常见的数据管理进行介绍，通过会员信息浏览、会员注册信息添加、会员修改密码和会员管理等实例的具体操作，详细讲解 ADO.NET 常用对象和 SQL 标准化查询命令的相关知识。由于篇幅限制，本章实例只着重介绍 ADO.NET 数据操作，而网站的界面设计、数据验证等内容不再赘述，请读者参考本书其他相关章节。

本章以后内容要不断用到数据库知识，为了方便描述，本书主要采用 Access 数据库，并简单介绍 SQL Server 数据库连接方法。与本章会员管理相关的数据库内容主要有会员表（members），其主要字段如表 4-1 所示。

表 4-1　webdata.mdb 数据库会员表字段描述

字段名	字段类型	字符大小	描述
mid	自动编号		会员编号，主关键字
mname	文本	3	会员姓名，最多支持 3 个汉字
mpwd	文本	8	会员密码，最多支持 8 个字符、数字或字符和数字组合
msex	是/否		性别，其中“1”表示男，“0”表示女，默认值为“1”
medu	文本	3	最高学历，最多支持 3 个字符，默认值为“大学生”
mdate	日期/时间		会员注册日期，默认值为 Date()，即系统日期

4.2　ADO.NET 核心对象

ADO.NET 是一组向程序员公开数据访问服务的类，它为创建分布式数据共享应用程序提供了丰富的组件，是.NET Framework 中不可缺少的一部分。ADO.NET 支持多种开发需求，包括创建由应用程序、工具、语言或 Internet 浏览器使用的前端数据库客户端和中间层业务对象等。

ADO.NET 包含用于连接数据库、执行命令和检索结果的.NET 数据提供程序，用户可以直接处理检索到的结果，也可以将其放入 DataSet 对象中。使用 DataSet 对象，方便将来自多个来源的数据或在层之间进行远程处理的数据组合在一起，以特殊方式向用户公开，它也可以独立于.NET 数据提供程序使用，用于管理应用程序本地的数据或源自 XML 的数据。

在 ADO.NET 中，通过 Managed Provider 所提供的应用程序编程接口（Application Programming Interface，API），可以轻松访问各种数据源的数据，包括 OLE DB（Object Linking and Embedding DataBase）和 ODBC（Open DataBase Connectivity）支持的数据库。

准确地说，ADO.NET 是一个由很多类组成的类库。它提供了很多基类，分别用于完成数据库连接、记录查询、记录添加、记录修改和记录删除等操作。ADO.NET 主要包括 Connection、Command、DataReader、DataAdapter 和 DataSet 等核心对象。其中，Connection 用于数据库连接；Command 用于对数据库执行 SQL 命令；DataReader 用于从数据库返回只读数据；DataAdapter 用于从数据库返回数据，并送到 DataSet 中；而 DataSet 则可以看作是内存中的数据库，利用 DataAdapter 将数据库中的数据送到 DataSet 里，然后对 DataSet 数据进行操作，最后再利用 DataAdapter 将数据更新反映到数据库中。

ASP.NET 通过 ADO.NET 操作数据库的流程如图 4-1 所示。

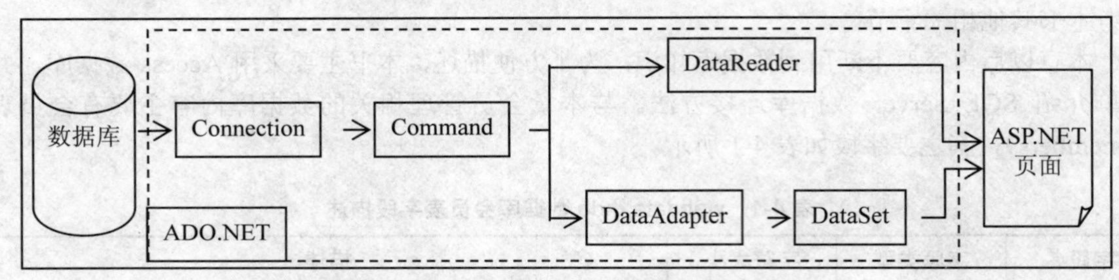

图 4-1 ADO.NET 数据库操作示意图

通过图 4-1，很容易地看到 ADO.NET 提供了两种操作数据库的方法：一种是利用 Connection、Command 和 DataReader 对象；另一种是利用 Connection、Command、DataAdapter 和 DataSet 对象。其中，前者是通过只读方式访问数据库的，数据库访问效率更高；而后者则更为灵活，可以对数据库进行各种操作。

针对不同的数据库，ADO.NET 提供了三套类库：第一套类库可以存取所有基于 OLE DB 提供的数据库，如 SQL Server、Access、Oracle 等，这些类名均以“OleDb”开头；第二套类库专门用于存取 SQL Server 数据库，这些类名均以“Sql”开头；第三套类库访问 ODBC 数据库，这些类名是以“Odbc”开头。表 4-2 给出了三套常用类库的具体对象名称。

表 4-2 ADO.NET 具体对象名称

对象	OLE DB 数据库	SQL Server 数据库	ODBC 数据库
Connection	OleDbConnection	SqlConnection	OdbcConnection
Command	OleDbCommand	SqlCommand	OdbcCommand
DataReader	OleDbDataReader	SqlDataReader	OdbcDataReader
DataAdapter	OleDbDataAdapter	SqlDataAdapter	OdbcDataAdapter
DataSet	DataSet	DataSet	DataSet

4.2.1 Connection 对象

在 ADO.NET 中，可以使用 Connection 对象进行数据库连接，它是连接程序和数据库的桥梁。对于不同的数据源，要使用不同的类建立连接，如连接到 Microsoft SQL Server 数据库要选择 SqlConnection 对象，连接到 OLE DB 数据库（如 Access）要选择 OleDbConnection 对象。

本节主要讲解利用 OleDbConnection 对象实现 Access 数据库连接，其他连接与此类似。完整的 OleDbConnection 连接字符串格式为“Provider=数据库驱动程序；Data Source=数据库服务器[; Jet OLEDB:DataBase Password=用户密码;User id=用户名]”。当 Access 数据库没有加密时，方括号部分可以省略不写。但需要强调的是，使用 ADO.NET 对象时，必须在页面里显式引入命名空间，具体方法有两种：一种是在网页文件.aspx 中引入，即在页面前添加“<%@ Import Namespace="System.Data.OleDb" %>”（不包括双引号）；另一种是在页面代码文件.cs 中引入，在引入命名空间段中添加“using System.Data.OleDb;”（不包括双引号）。

【例 4-1】利用 OleDbConnection 对象建立 Access 数据库连接。当数据库连接成功时，提示“数据库连接成功!”，效果如图 4-2 所示（Ex4-1.aspx）。

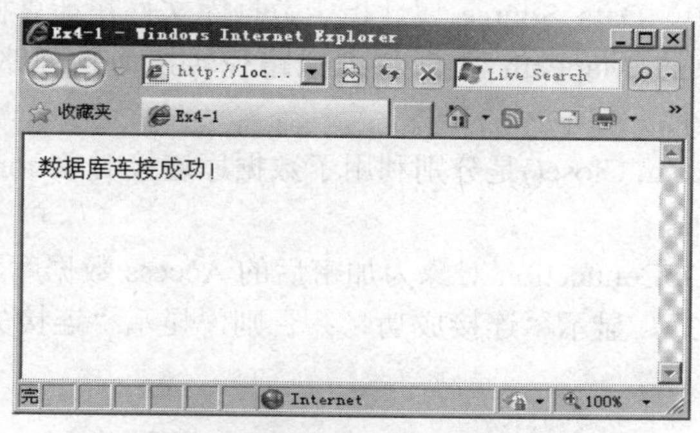

图 4-2　Access 数据库连接

Ex4-1.aspx 文件代码如下：

```
<%@ Page Language="C#" AutoEventWireup="true" CodeFile="Ex4-1.aspx.cs" Inherits="Ex4_1" %>
<html xmlns="http://www.w3.org/1999/xhtml">
<head runat="server">
    <title>Ex4-1</title>
</head>
<body>
    <form id="form1" runat="server">
    <div>
    </div>
    </form>
</body>
</html>
```

Ex4-1.aspx.cs 文件主要代码如下：

```
using System.Data.OleDb;

public partial class Ex4_1 : System.Web.UI.Page
{
    protected void Page_Load(object sender, EventArgs e)
    {
        string strcon = "Provider=Microsoft.Jet.OLEDB.4.0;Data Source=" + Server.MapPath("webdata.mdb");
        OleDbConnection conn = new OleDbConnection(strcon);
        conn.Open();
        Response.Write("数据库连接成功！");
        conn.Close();
    }
}
```

程序说明：

- 语句“using System.Data.OleDb;”表示 System.Data.OleDb 命名空间引用。这是使用 ADO.NET 对象的必需前提。
- 在连接字符串中，Provider 属性指定使用数据库引擎 Microsoft.Jet.OLEDB.4.0 版本，由于 Access 数据库版本不同，读者需要注意，本例使用的是 Access 2003 版本。
- 在连接字符串中，Data Source 属性指定数据库文件在计算机中的物理位置。本例使用 Server 对象的 MapPath 方法将虚拟路径转换为物理路径，即网站根目录下的 webdata.mdb 文件。
- conn.Open()和 conn.Close()是分别利用了数据库连接对象 conn 的打开和关闭方法，将连接打开和关闭。

【例 4-2】利用 OleDbConnection 对象为加密后的 Access 数据库建立连接。当数据库密码输入正确时（密码为 123），显示“连接成功！”；否则，显示“连接失败！”，效果如图 4-3 所示（Ex4-2.aspx）。

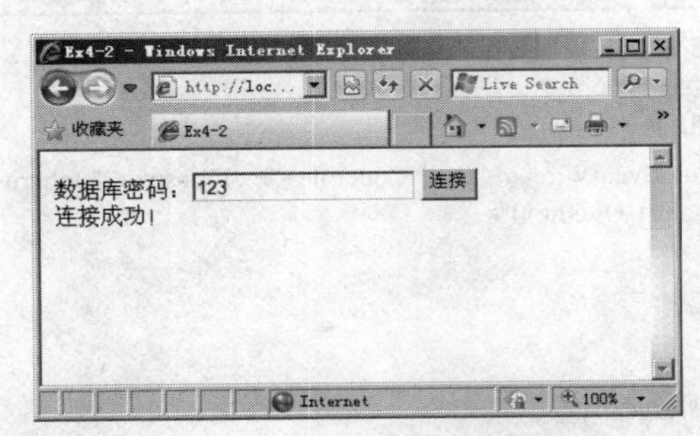

图 4-3 加密 Access 数据库连接

Ex4-2.aspx 文件代码如下：

```
<%@ Page Language="C#" AutoEventWireup="true" CodeFile="Ex4-2.aspx.cs" Inherits="Ex4_2" %>
<html xmlns="http://www.w3.org/1999/xhtml">
<head runat="server">
    <title>Ex4-2</title>
</head>
<body>
    <form id="form1" runat="server">
    <div>
        数据库密码：<asp:TextBox ID="txtmm" runat="server"></asp:TextBox>
        <asp:Button ID="btnconn" runat="server" Text="连接" onclick="btnconn_Click" />
        <br />
        <asp:Label ID="lblmes" runat="server"></asp:Label>
    </div>
    </form>
</body>
</html>
```

Ex4-2.aspx.cs 文件中的按钮单击事件 btnconn_Click 的代码如下：

```
protected void btnconn_Click(object sender, EventArgs e)
{
    string strcon = "Provider=Microsoft.Jet.OLEDB.4.0;Data Source=" + Server.MapPath("mdata.mdb") + ";
    Jet OLEDB:DataBase Password="+txtmm.Text+";User id=admin";
    OleDbConnection conn = new OleDbConnection(strcon);
    try
    {
        conn.Open();
        lblmes.Text = "连接成功！";
    }
    catch (Exception error)
    {
        lblmes.Text = "连接失败！";
    }
    finally
    {
        conn.Close();
    }
}
```

程序说明：

- 连接字符串 Jet OLEDB:DataBase 中的 Password 和 User id 属性分别用于用户密码和用户名的设置。
- 本例中使用了 try、catch 和 finally 程序结构，它是 C#语言异常处理的常用方式，当 try 块中的程序执行出现错误时，catch 块获取错误信息，而 finally 块用于程序后期的系统清理和资源释放。

提示：VS 2008 提供了 App_Data 系统文件夹，它是 ASP.NET 提供网站存储自身数据的默认位置。用户可以在打开网站项目后，通过执行“网站”→“添加 ASP.NET 文件夹”→“App_Data”命令来实现。对保存在该文件夹里的数据库文件进行访问时，数据库连接字符串中的数据库服务器可直接写成“Data Source= |DataDirectory|数据库文件名”。

出于数据安全性的考虑，数据库应该加密。就 Access 2003 而言，读者可以在打开数据库后，通过执行“工具”菜单下的“安全”命令添加数据库密码实现。

4.2.2 Command 对象

Command 对象是在 Connection 建立数据库连接后，对数据库发出的添加、查询、删除和修改等命令。该对象常见属性有 Connection、CommandText 和 CommandType 等。其中，Connection 属性是 Command 所使用的数据库连接对象；CommandText 属性是对数据库所使用的具体 SQL 命令或存储过程名；CommandType 属性说明如何解释 CommandText 属性。

Command 对象常用的方法及说明如表 4-3 所示。

表 4-3 Command 对象的常用方法及说明

方法	说明
ExecuteNonQuery	执行各类 SQL 语句（如添加、删除、修改等），并返回受影响的行数
ExecuteScalar	执行查询，并返回查询结果集中的第一行第一列
ExecuteReader	执行查询，并返回一个 DataReader 对象

【例 4-3】利用 OleDbCommand 对象向数据库 members 表中添加用户信息。用户添加成功后，显示“添加成功！”；否则，显示“添加失败！”，效果如图 4-4 所示（Ex4-3.aspx）。

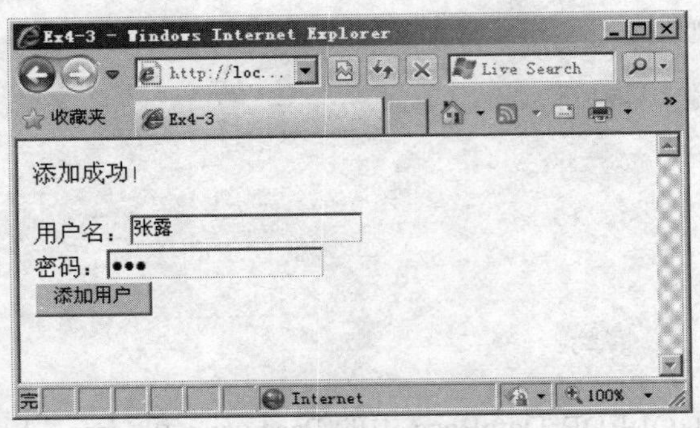

图 4-4 添加用户信息

Ex4-3.aspx 文件代码如下：

```
<%@ Page Language="C#" AutoEventWireup="true" CodeFile="Ex4-3.aspx.cs" Inherits="Ex4_3" %>
<html xmlns="http://www.w3.org/1999/xhtml">
<head runat="server">
    <title>Ex4-3</title>
</head>
<body>
    <form id="form1" runat="server">
    <div>
        用户名：<asp:TextBox ID="txtname" runat="server"></asp:TextBox>
        <br />
        密码：<asp:TextBox ID="txtpwd" runat="server" TextMode="Password"></asp:TextBox>
        <br />
        <asp:Button ID="btnadd" runat="server" onclick="btnadd_Click" Text="添加用户" />
    </div>
    </form>
</body>
</html>
```

Ex4-3.aspx.cs 文件中的“添加用户”按钮单击事件 btnadd_Click 的代码如下：

```
protected void btnadd_Click(object sender, EventArgs e)
{
```

```
string strcon = "Provider=Microsoft.Jet.OLEDB.4.0;Data Source=|DataDirectory|mydata.mdb";
OleDbConnection conn = new OleDbConnection(strcon);
string sql0 = "insert into members(mname,mpwd) values('" + txtname.Text + "','" + txtpwd.Text + "')";
try
{
    conn.Open();
    OleDbCommand ocmd = new OleDbCommand(sql0, conn);
    ocmd.ExecuteNonQuery();
    Response.Write("添加成功！");
}
catch (Exception error)
{
    Response.Write("添加失败！");
}
finally
{
    conn.Close();
}
}
```

程序说明：

- 数据库连接字符串中，Data Source=|DataDirectory|mydata.mdb 表示 mydata.mdb 数据库文件存储在数据库系统文件夹 App_Data 中。
- 本例中使用了 SQL 命令添加表记录，即 Insert Into 表名（字段 1，…）Values（值 1，…）。若要给表中所有字段添加值，则表名后可以省略字段名，即 Insert Into 表 Values（值 1，…）。
- 定义 ocmd 时，new OleDbCommand(sql0, conn)表示此 OleDbCommand 对象是建立在 conn 连接基础上的，且 CommandText 属性的值为字符串变量 sql0。

【例 4-4】利用 OleDbCommand 对象将数据库 members 表中的用户信息删除。用户删除成功后，显示“删除成功！”；否则，显示“删除失败！”，效果如图 4-5 所示。（Ex4-4.aspx）

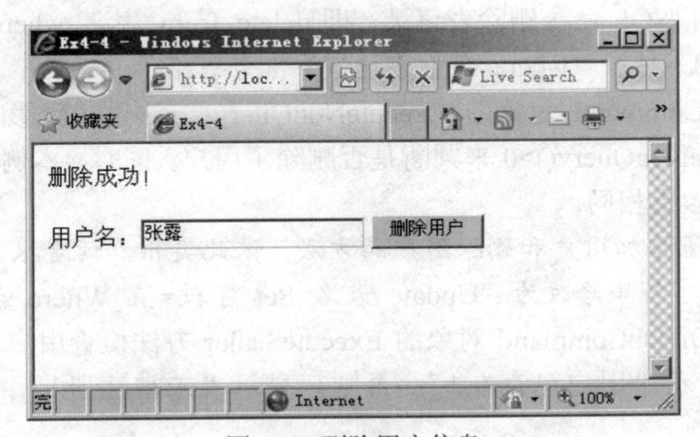

图 4-5 删除用户信息

Ex4-4.aspx 文件代码如下：

```
<%@ Page Language="C#" AutoEventWireup="true" CodeFile="Ex4-4.aspx.cs" Inherits="Ex4_4" %>
<html xmlns="http://www.w3.org/1999/xhtml">
<head runat="server">
    <title>Ex4-4</title>
</head>
<body>
    <form id="form1" runat="server">
    <div>
        用户名：<asp:TextBox ID="txtname" runat="server"></asp:TextBox>
        <asp:Button ID="btndel" runat="server" Text="删除用户" onclick="btndel_Click" />
    </div>
    </form>
</body>
</html>
```

Ex4-4.aspx.cs 文件中的“删除用户”按钮单击事件 btndel_Click 的代码如下：

```
protected void btndel_Click(object sender, EventArgs e)
{
    string strcon = "Provider=Microsoft.Jet.OLEDB.4.0;Data Source=|DataDirectory|mydata.mdb";
    OleDbConnection conn = new OleDbConnection(strcon);
    string sql0 = "delete from members where mname='" + txtname.Text + "'";
    conn.Open();
    OleDbCommand ocmd = new OleDbCommand(sql0, conn);
    if (ocmd.ExecuteNonQuery() > 0)
    {
        Response.Write("删除成功！");
    }
    else
    {
        Response.Write("删除失败！");
    }
    conn.Close();
}
```

程序说明：

- 本例中使用了 SQL 命令删除表记录，即 delete from 表名 where 条件表达式。若要删除表中全部记录，“where 条件表达式”部分省略。
- 由于 OleDbCommand 对象的 ExecuteNonQuery 方法返回受影响的行数，所以使用 ocmd.ExecuteNonQuery()>0 来判断是否删除了用户。同时，本例也可以采用例 4-3 的方法完成，效果相同。

提示：这里介绍了添加用户和删除用户的方法。依此类推，读者很容易找到修改用户信息的方法，即将 SQL 字符串修改为“Update 表名 Set 字段=值 Where 条件表达式”。

【例 4-5】利用 OleDbCommand 对象的 ExecuteScalar 方法检查用户名是否已被注册。当已被用户注册时，显示“用户已存在！”；否则，显示“未被注册！”，效果如图 4-6 所示（Ex4-5.aspx）。

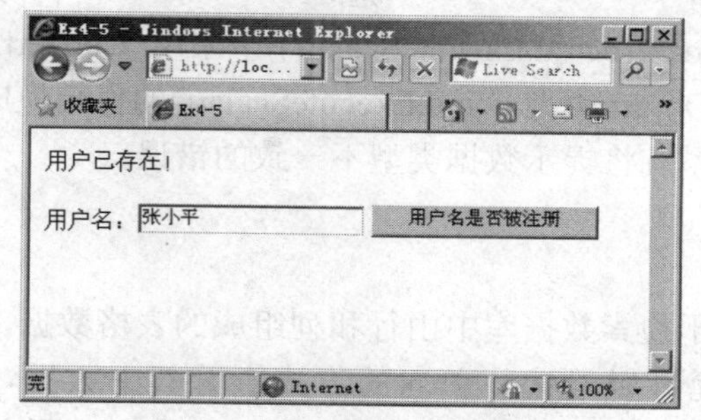

图 4-6　检查用户名是否存在

Ex4-5.aspx 文件代码如下：

```
<%@ Page Language="C#" AutoEventWireup="true" CodeFile="Ex4-5.aspx.cs" Inherits="Ex4_5" %>
<html xmlns="http://www.w3.org/1999/xhtml">
<head runat="server">
    <title>Ex4-5</title>
</head>
<body>
    <form id="form1" runat="server">
    <div>
        用户名：<asp:TextBox ID="txtname" runat="server"></asp:TextBox>
        <asp:Button ID="btnseek" runat="server" onclick="btnseek_Click" Text="用户名是否被注册" />
    </div>
    </form>
</body>
</html>
```

Ex4-5.aspx.cs 文件中的“用户名是否被注册”按钮单击事件 btnseek_Click 的代码如下：

```
protected void btnseek_Click(object sender, EventArgs e)
{
    string strcon = "Provider=Microsoft.Jet.OLEDB.4.0;Data Source=|DataDirectory|mydata.mdb";
    OleDbConnection conn = new OleDbConnection(strcon);
    string sql0 = "select count(*) from members where mname='" + txtname.Text + "'";
    conn.Open();
    OleDbCommand ocmd = new OleDbCommand(sql0, conn);
    if (Convert.ToInt32(ocmd.ExecuteScalar()) > 0)
    {
        Response.Write("用户已存在！");
    }
    else
    {
        Response.Write("未被注册！");
}
conn.Close();
}
```

程序说明：

- 本例中使用了 SQL 命令统计函数 count()查询满足条件表达式的记录行数。根据行数是否大于 0，判断用户名是否存在。

- 语句 Convert.ToInt32(ocmd.ExecuteScalar())中采用 Convert.ToInt32()强制数据类型转换函数，实现将 Object 类型 ocmd.ExecuteScalar()的值转换成 32 位整型。如果不进行数据类型转换，系统将提示数据类型不一致的错误。

4.2.3 DataReader 对象

DataReader 对象是用于检索数据库中由行和列组成的表格数据，通常数据量较大。它是以连接的方式工作的，只允许以只读、单向的方式查看其中数据，并用 Command 对象的 ExecuteReader()方法进行实例化。由于 DataReader 是以单向方式顺序读取数据的，所以任何时候只缓存一条记录，这样在系统开销和性能方面都有一定优势。

DataReader 对象常用的方法有 Read 和 Close。其中，Read 方法可以使 DataReader 对象前进到下一条记录（如果有记录的话），当 Read()方法返回 False 时，表示读到了 DataReader 对象的最后一行；Close 方法是用于关闭 DataReader 对象。

【例 4-6】利用 DataReader 对象和 Command. ExecuteReader()方法读取 members 表中的用户信息，并显示在页面上，效果如图 4-7 所示（Ex4-6.aspx）。

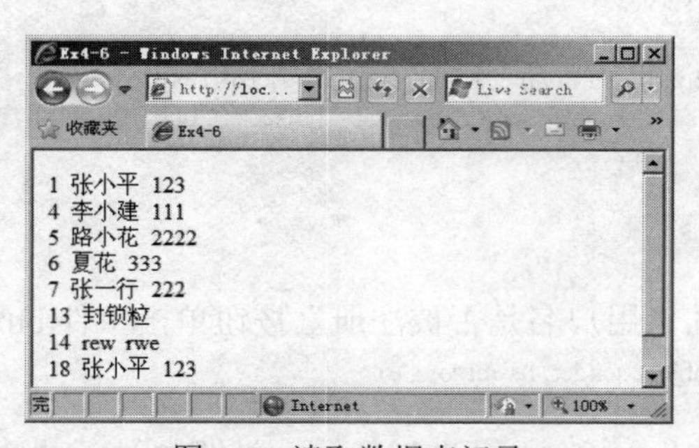

图 4-7　读取数据表记录

Ex4-6.aspx 文件代码如下：

```
<%@ Page Language="C#" AutoEventWireup="true" CodeFile="Ex4-6.aspx.cs" Inherits="Ex4_6" %>
<html xmlns="http://www.w3.org/1999/xhtml">
<head runat="server">
    <title>Ex4-6</title>
</head>
<body>
    <form id="form1" runat="server">
    <div>
    </div>
    </form>
</body>
</html>
```

Ex4-6.aspx.cs 文件中的 Page_Load 代码如下：

```
protected void Page_Load(object sender, EventArgs e)
{
```

```
        string strcon = "Provider=Microsoft.Jet.OLEDB.4.0;Data Source=|DataDirectory|mydata.mdb";
        OleDbConnection conn = new OleDbConnection(strcon);
        string sql0 = "select mid,mname,mpwd from members";
        conn.Open();
        OleDbCommand ocmd = new OleDbCommand(sql0, conn);
        OleDbDataReader odr = ocmd.ExecuteReader();
        while (odr.Read())
        {
            Response.Write(odr["mid"] + "  " + odr["mname"] + "  " + odr["mpwd"]);
            Response.Write("<br>");
        }
        odr.Close();
        conn.Close();
}
```

程序说明：

- OleDbDataReader 对象 odr 存储了 ocmd.ExecuteReader()的结果，即 members 表中的所有用户记录信息。
- 本例中使用了 While 循环结构。当 While(条件)为真时，程序循环执行循环体部分；条件为假时（即 DataReader 读完时），循环结束。

4.2.4 DataSet 对象

DataSet 对象是支持 ADO.NET 断开式、分布式数据方案的核心对象，它可以视为内存中的数据库，用于存储从数据库查询到的数据结果。DataSet 对象本身没有和数据库联机的能力，它只是一个临时存放数据的容器，数据的存取都是透过数据操作组件来执行的，所以数据操作组件可以说是 DataSet 和数据库之间的沟通桥梁。

DataSet 是一个完整的数据集合，它包括数据表、数据表关联、限制、记录和字段等，常用内部对象及说明如表 4-4 所示。同时，DataSet 又是一个不依赖于数据库的独立数据集合，即它在获得数据库信息后便立即和数据库断开连接，等到再次操作数据库内容时才会再建立连接。这种断开式的数据访问大大减少了程序和数据库之间的连接，减轻了服务器负载。

表 4-4　DataSet 常用对象及说明

对象	说明
DataTable	表格对象，可结合 DataAdapter 对象的 Fill 方法使用
DataRow	DataTable 对象中的记录行，表示表中包含的实际数据
DataColumn	DataTable 对象对应的列和约束规则
DataRelation	描述不同 DataTable 对象间的关联

4.2.5 DataAdapter 对象

由于 DataSet 对象没有和数据库联机的能力，为了获取和更新数据库内容，它必须借助于数据适配器 DataAdapter 对象。对于 DataSet 来说，DataAdapter 就像是搬运工，它把数据从数据库搬运到 DataSet 中，DataSet 中的数据有变动时，它又可以将其反映到数据库。

DataAdapter 对象的常用方法有 Fill 和 Dispose。其中，Fill 方法将从数据库中读取的数据填充到相应的 DataSet 对象中；Dispose 方法可以删除 DataAdapter 对象。

【例 4-7】利用 DataAdapter 和 DataSet 对象读取 members 表中的用户信息，并将用户信息绑定到 GridView 控件上，显示效果如图 4-8 所示（Ex4-7.aspx）。

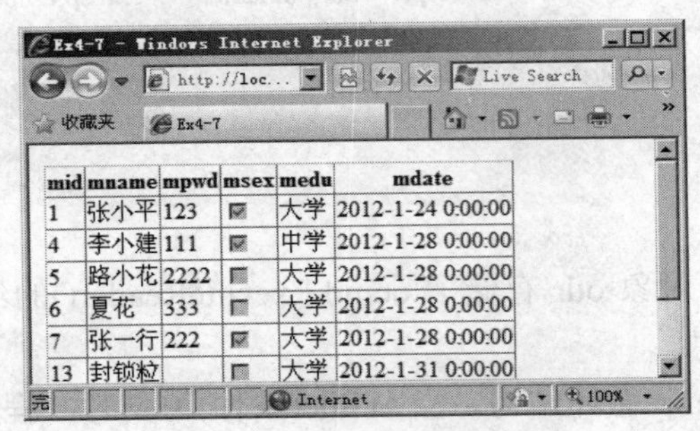

mid	mname	mpwd	msex	medu	mdate
1	张小平	123	☑	大学	2012-1-24 0:00:00
4	李小建	111	☑	中学	2012-1-28 0:00:00
5	路小花	2222	☐	大学	2012-1-28 0:00:00
6	夏花	333	☐	大学	2012-1-28 0:00:00
7	张一行	222	☑	大学	2012-1-28 0:00:00
13	封锁粒		☐	大学	2012-1-31 0:00:00

图 4-8 读取数据表记录

Ex4-7.aspx 文件代码如下：

```
<%@ Page Language="C#" AutoEventWireup="true" CodeFile="Ex4-7.aspx.cs" Inherits="Ex4_7" %>
<html xmlns="http://www.w3.org/1999/xhtml">
<head runat="server">
    <title>Ex4-7</title>
</head>
<body>
    <form id="form1" runat="server">
    <div>
        <asp:GridView ID="gdvmem" runat="server">
        </asp:GridView>
    </div>
    </form>
</body>
</html>
```

Ex4-7.aspx.cs 文件中的 Page_Load 代码如下：

```
protected void Page_Load(object sender, EventArgs e)
{
    string strcon = "Provider=Microsoft.Jet.OLEDB.4.0;Data Source=|DataDirectory|mydata.mdb";
    OleDbConnection conn = new OleDbConnection(strcon);
    string sql0 = "select * from members order by mid asc";
    OleDbDataAdapter oda = new OleDbDataAdapter(sql0, conn);
    DataSet ds = new DataSet();
    oda.Fill(ds);
    gdvmem.DataSource = ds;
    gdvmem.DataBind();
}
```

程序说明：

- 定义 DataAdapter 对象时，需要使用 Connection 和 Command 对象。本例定义 oda 时，new OleDbDataAdapter(sql0, conn)表示此 OleDbDataAdapter 对象是建立在 Connection 对象 conn 基础上的，且 Command 值为字符串变量 sql0。
- 语句 oda.Fill(ds)是使用了 DataAdapter 对象的 Fill 方法将数据库查询结果读取到相应的 DataSet 对象 ds 里。
- 本例采用 GridView 控件进行数据绑定，读取数据库表信息。GridView 控件的 DataSource 属性指定数据源，DataBind()方法进行数据绑定。详细的数据绑定内容将在后续章节讲解。

4.3　会员注册信息管理

会员注册信息管理是动态网站十分常见的功能，它包括会员信息的浏览、添加、删除和修改等功能。下面我们将以企业会员管理为例，结合本章所学知识进行介绍。

4.3.1　会员注册信息浏览

网站中的会员信息浏览方式常见的有两种：一种是用表格的形式浏览全部会员信息，每个会员信息占一行；另一种是用页面浏览指定会员信息，一次显示一个会员。第一种方式在 DataAdapter 的例子中已有介绍，这里采用第二种方式来介绍。

具体操作步骤如下：

（1）新建一个 memseek.aspx 页面，修改页面标题 title 节为“会员注册信息浏览”。

（2）在页面里输入文本“输入用户名:”，并依次添加 TextBox、Button、Label 和 GridView 控件。

（3）分别设置 Id 属性为 txtname、btnseek、lblmes 和 gdvmem，并将 lblmes 和 gdvmem 控件的 Visible 属性设置为 False，即初始为“不可见”。

（4）双击 btnseek 控件，输入 btnseek_Click 事件代码并保存，按 F5 键运行。最终显示效果如图 4-9 所示。

图 4-9　会员信息浏览

memseek.aspx 文件代码如下：

```
<%@ Page Language="C#" AutoEventWireup="true" CodeFile="memseek.aspx.cs" Inherits="memseek" %>
<html xmlns="http://www.w3.org/1999/xhtml">
<head runat="server">
    <title>会员注册信息浏览</title>
</head>
<body>
    <form id="form1" runat="server">
    <div>
        输入用户名：<asp:TextBox ID="txtname" runat="server"></asp:TextBox>
        <asp:Button ID="btnseek" runat="server" Text="查询" onclick="btnseek_Click" />
        <asp:Label ID="lblmes" runat="server" ForeColor="Red" Text="用户不存在！" Visible="False"></asp:Label>
        <asp:GridView ID="gdvmem" runat="server" Visible="False">
        </asp:GridView>
    </div>
    </form>
</body>
</html>
```

memseek.aspx.cs 文件中“查询”按钮的 btnseek_Click 代码如下：

```
protected void btnseek_Click(object sender, EventArgs e)
{
    string strcon = "Provider=Microsoft.Jet.OLEDB.4.0;Data Source=|DataDirectory|mydata.mdb";
    OleDbConnection conn = new OleDbConnection(strcon);
    string sql0 = "select * from members where mname='" + txtname.Text + "'";
    OleDbDataAdapter oda = new OleDbDataAdapter(sql0, conn);
    DataSet ds = new DataSet();
    oda.Fill(ds);
    if (ds.Tables[0].Rows.Count > 0)
    {
        gdvmem.DataSource = ds;
        gdvmem.DataBind();
        gdvmem.Visible = true;
        lblmes.Visible = false;
    }
    else
    {
        gdvmem.Visible = false;
        lblmes.Visible = true;
    }
}
```

程序说明：

- 按钮单击事件中，语句 if (ds.Tables[0].Rows.Count > 0)用来判断是否查询到了相关会员信息。这里采用了 DataSet 中第 1 个表格 Tables[0]的行对象 Rows 的数量属性 Count，即 DataSet 中的第 1 个表格的行数。前面我们介绍过 DataSet，它包含了多种数据库对象，其中也包含了多个 Table 对象。读者可以采用数组的方式区别这些 Table，即 Tables[0]表示 DataSet 表集合中的第 1 个表格，其他依此类推。

- ASP.NET 中很多控件都有可见属性 Visible，用于控制控件是否可见。当为 true 时可见；为 false 时不可见。

4.3.2 会员注册信息添加

网站中会员注册的过程就是后台数据库添加记录的过程。也就是说，会员注册信息添加其实就是会员注册。由于篇幅限制，这里只结合常用控件和 ADO.NET 访问数据库，不再考虑页面布局问题。

具体操作步骤如下：

（1）新建一个 memadd.aspx 页面，修改页面标题 title 节为“会员注册信息添加”。

（2）在页面里添加一个 5 行 2 列的表格，并在左侧列依次添加“用户名”、“密码”、“性别”和“最高学历”；右侧列依次添加 TextBox 控件 txtname、TextBox 控件 txtpwd、RadioButtonList 控件 rdbtnsex 和 DropDownList 控件 ddledu。

（3）将表格中的第 5 行两个单元格合并，添加 Button 控件 btnadd，设置其 Text 属性为“会员添加”。

（4）设置性别单选按钮 rdbtnsex 的数据项，设置两个 Text 值“男”和“女”，Value 值对应为 1 和 0，并设置选项“男”为默认值，即 Selected 值为 True。

（5）设置“最高学历”下拉菜单 ddledu 的候选项为“小学”、“中学”、“大学”和“研究生”，其中 Text 和 Value 值相同。

（6）双击“会员添加”按钮进入代码编辑区，输入后台代码并保存，按 F5 键运行。最终显示效果如图 4-10 所示。

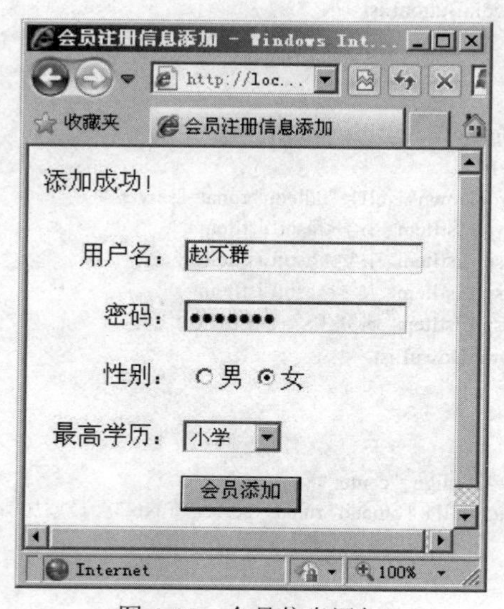

图 4-10 会员信息添加

memadd.aspx 文件代码如下：

```
<%@ Page Language="C#" AutoEventWireup="true" CodeFile="memadd.aspx.cs" Inherits="memadd" %>
<html xmlns="http://www.w3.org/1999/xhtml">
<head runat="server">
    <title>会员注册信息添加</title>
</head>
<body>
    <form id="form1" runat="server">
    <div>
        <table style="width: 260px; height: 200px">
            <tr>
                <td align="right">用户名：</td>
                <td align="left">
                    <asp:TextBox ID="txtname" runat="server"></asp:TextBox>
                </td>
            </tr>
            <tr>
                <td align="right">密码：</td>
                <td align="left">
                    <asp:TextBox ID="txtpwd" runat="server" TextMode="Password"></asp:TextBox>
                </td>
            </tr>
            <tr>
                <td align="right">性别：</td>
                <td align="left">
                    <asp:RadioButtonList ID="rdbtnsex" runat="server" RepeatDirection="Horizontal">
                        <asp:ListItem Value="1" Selected="True">男</asp:ListItem>
                        <asp:ListItem Value="0">女</asp:ListItem>
                    </asp:RadioButtonList>
                </td>
            </tr>
            <tr>
                <td align="right">最高学历：</td>
                <td align="left">
                    <asp:DropDownList ID="ddledu" runat="server">
                        <asp:ListItem>小学</asp:ListItem>
                        <asp:ListItem>中学</asp:ListItem>
                        <asp:ListItem>大学</asp:ListItem>
                        <asp:ListItem>研究生</asp:ListItem>
                    </asp:DropDownList>
                </td>
            </tr>
            <tr>
                <td colspan="2" align="center">
                    <asp:Button ID="btnadd" runat="server" Text="会员添加" onclick="btnadd_Click" />
                </td>
            </tr>
        </table>
    </div>
```

```
    </form>
</body>
</html>
```

memadd.aspx.cs 文件中“会员添加”按钮的 btnadd_Click 代码如下：

```
protected void btnadd_Click(object sender, EventArgs e)
{
    string strcon = "Provider=Microsoft.Jet.OLEDB.4.0;Data Source=|DataDirectory|mydata.mdb";
    OleDbConnection conn = new OleDbConnection(strcon);
    string mname = txtname.Text;
    string mpwd = txtpwd.Text;
    string medu = ddledu.SelectedValue;
    Int32 msex = Convert.ToInt32(rdbtnsex.SelectedValue);
    string sql0 = "insert into members(mname,mpwd,msex,medu) values('" + mname + "','" + mpwd + "','" + msex + "','" +
              medu + "')";
    try
    {
        conn.Open();
        OleDbCommand ocmd = new OleDbCommand(sql0, conn);
        ocmd.ExecuteNonQuery();
        Response.Write("添加成功！");
    }
    catch (Exception error)
    {
        Response.Write("添加失败！");
    }
    finally
    {
        conn.Close();
    }
}
```

程序说明：

- 因为 RadioButtonList 控件的 SelectedValue 对应的值为字符型数据，而在数据库中保存“性别”的字段是“是/否”类型，所以需要将字符转化为 0 或 1 的整数，即语句 Convert.ToInt32(rdbtnsex.SelectedValue)实现了数据类型转换。
- 由于 SQL 命令字符串过长，本例定义了多个变量用于获取页面控件值，从而方便程序编写。

提示：动态网站开发过程中，后台数据库设计也至关重要。members 表将会员编号 mid 字段设置为“自动编号”数据类型，这样会员编号会随着记录行增加而自动增加，且不会出现重复；注册日期 mdate 字段增加了默认值为系统日期 Date()，这样用户不需要填写就可以得到正确的注册日期。

members 表的性别 msex 字段采用了“是/否”数据类型，用 True 代表“男”，False 代表“女”。在数据存储时，用户可以直接用 1 和 0 代替 True 和 False，从而达到节约存储空间的目的。关于数据库更多知识，请用户参考其他相关书籍。

4.3.3 会员注册信息修改

网站会员管理中，常常会用到会员信息修改功能，比如修改用户密码、修改个人信息等。会员信息修改的前提是当前的会员身份验证，即网站必须保证会员自己修改自己的信息，而不能让他人修改，也不允许会员越权。网站建设过程中的用户权限设置也是相当重要的一项，本节的例子只是抛砖引玉。

具体操作步骤如下：

（1）新建一个 memrep.aspx 页面，修改页面标题 title 节为“会员注册信息修改”。

（2）在页面里添加一个 4 行 2 列的表格，并在左侧列依次添加“用户名”、“原始密码”、和“新密码”；右侧列依次添加 3 个 TextBox 控件 txtname、txtold 和 txtnew，设置 txtnew 控件的 TextMode 属性值为 Password。

（3）将表格中的第 4 行两个单元格合并，添加 Button 控件 btnrep，设置其 Text 属性为“修改密码”。

（4）在表格下方添加 1 个 Label 控件 lblmes，并设置 ForeColor 属性为红色，用于信息提示。

（5）双击“修改密码”按钮进入代码编辑区，输入后台代码并保存，按 F5 键运行。最终显示效果如图 4-11 所示。

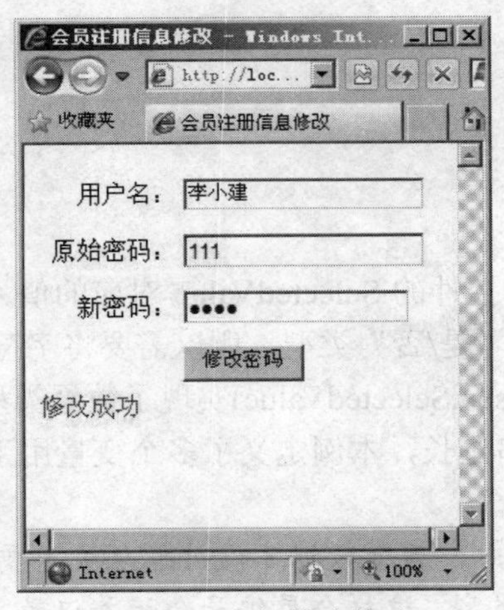

图 4-11 会员信息修改

memrep.aspx 文件代码如下：

```
<%@ Page Language="C#" AutoEventWireup="true" CodeFile="memrep.aspx.cs" Inherits="memrep" %>
<html xmlns="http://www.w3.org/1999/xhtml">
<head runat="server">
    <title>会员注册信息修改</title>
</head>
<body>
```

```
        <form id="form1" runat="server">
        <div>
            <table style="width: 260px; height: 150px">
                <tr>
                    <td align="right">用户名：</td>
                    <td align="left">
                        <asp:TextBox ID="txtname" runat="server"></asp:TextBox>
                    </td>
                </tr>
                <tr>
                    <td align="right">原始密码：</td>
                    <td align="left">
                        <asp:TextBox ID="txtold" runat="server"></asp:TextBox>
                    </td>
                </tr>
                <tr>
                    <td align="right">新密码：</td>
                    <td align="left">
                        <asp:TextBox ID="txtnew" runat="server" TextMode="Password"></asp:TextBox>
                    </td>
                </tr>
                <tr>
                    <td align="center" colspan="2">
            <asp:Button ID="btnrep" runat="server" onclick="btnrep_Click" Text="修改密码" />
                    </td>
                </tr>
            </table>
            <asp:Label ID="lblmes" runat="server" ForeColor="Red"></asp:Label>
        </div>
        </form>
    </body>
    </html>
```

memrep.aspx.cs 文件中“修改密码”按钮的 btnrep_Click 代码如下：

```
protected void btnrep_Click(object sender, EventArgs e)
{
    string strcon = "Provider=Microsoft.Jet.OLEDB.4.0;Data Source=|DataDirectory|mydata.mdb";
    OleDbConnection conn = new OleDbConnection(strcon);
    conn.Open();
    string mname = txtname.Text;
    string oldpwd = txtold.Text;
    string newpwd = txtnew.Text;
    string sql1 = "select count(*) from members where mname='" + mname + "' and mpwd='" + oldpwd + "'";
    string sql2 = "update members set mpwd='" + newpwd + "' where mname='" + mname + "'";
    OleDbCommand ocmd1 = new OleDbCommand(sql1, conn);
    OleDbCommand ocmd2 = new OleDbCommand(sql2, conn);
    if (Convert.ToInt32(ocmd1.ExecuteScalar()) > 0)
    {
        ocmd2.ExecuteNonQuery();
        lblmes.Text = "修改成功";
```

```
        }
        else
        {
            lblmes.Text = "修改失败，请检查用户名和密码是否正确";
        }
        conn.Close();
}
```

程序说明：

- Command 对象 ocmd1 用于查询是否存在与用户名和原始密码一致的会员记录，用于控制会员权限。这里也可以采用 TextBox 的 TextChanged 事件来实现，即把用户名和密码检验的代码放到原始密码 txtold 控件的 TextChanged 事件里。
- 本例中分别用到了 Command 对象的 ExecuteScalar()和 ExecuteNonQuery()方法，用户在选择使用 Command 方法时，要注意返回值和返回值的数据类型。

提示：网站为了加强会员管理或者防范恶意注册，有时会增加一个会员审核的步骤。审核机制在动态网站开发中十分常见，像留言板留言审核、新闻发布审核等。而审核体现在数据库上就是增加一个“是/否”数据类型的字段，将其默认值设为 False。当管理员要让其通过审核时，只需要将数据库中的 False 改为 True，其本质还是数据库记录的修改，读者可以参考上面的内容。

4.3.4 会员注册信息删除

删除过期会员信息可以节约网站空间，提高会员管理效率。在网站开发过程中，类似的操作还有新闻管理、资源管理等。尤其是占用网站空间较多的图片、视频等多媒体资源更是应该时常清除。

会员信息删除操作和上节的信息修改相似，只是用于处理数据库记录的 SQL 语句不同而已，用户只需要把会员信息修改语句改成删除语句，其他内容保持不变即可，即把 update 命令修改为 delete from members where mname='" + txtname.Text + "'"。具体操作这里不再赘述，读者可以参考随书源代码中第 4 章的 memdel.aspx 和 memdel.aspx.cs 文件。运行效果如图 4-12 所示。

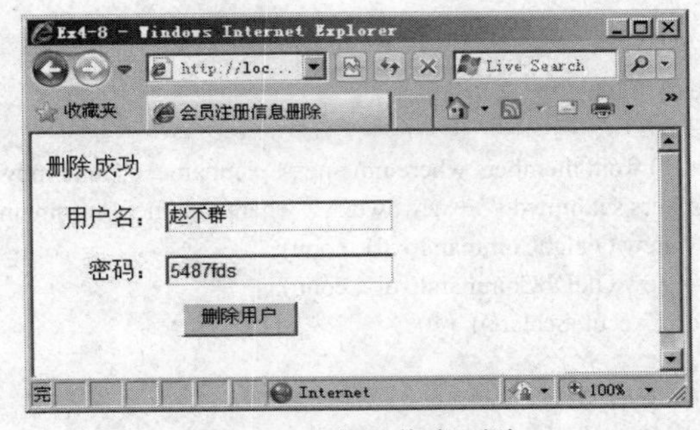

图 4-12 会员信息删除

4.4 知识拓展

4.4.1 SQL Server 数据库操作

SQL Server 是微软公司开发的关系型数据库系统，它采用了二级安全验证、登录验证及数据库用户账号和角色的许可验证。同时支持两种身份验证模式：Windows NT 身份验证和 SQL Server 身份验证。由于 SQL Server 的良好性能，以及在数据安全性和用户权限管理方面的突出表现，得到了用户的广泛应用。

页面对 SQL Server 数据库和对 Access 数据库的操作思路相同，只是引用的命名空间和 Ado.net 对象名称上有所区别。在此，我们将通过一个页面访问 SQL Server 2000 数据库的实例来介绍。

【例 4-8】利用 SqlConnection、SqlDataAdapter 和 DataSet 对象，读取 SQL Server 2000 数据库中 users 表中的记录信息，并将结果绑定到 GridView 控件上，效果如图 4-13 所示（Ex4-8.aspx）。

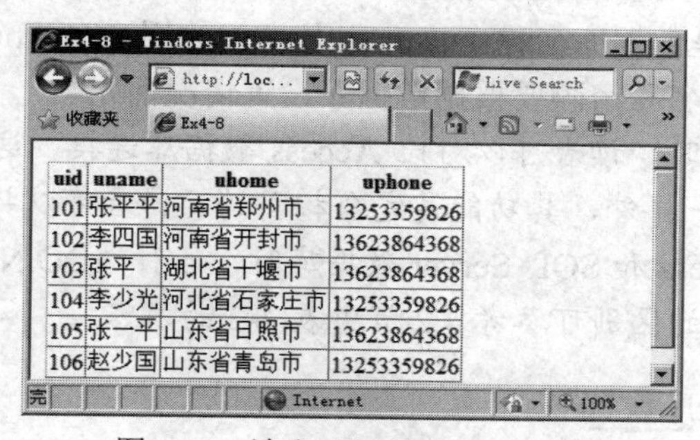

uid	uname	uhome	uphone
101	张平平	河南省郑州市	13253359826
102	李四国	河南省开封市	13623864368
103	张平	湖北省十堰市	13623864368
104	李少光	河北省石家庄市	13253359826
105	张一平	山东省日照市	13623864368
106	赵少国	山东省青岛市	13253359826

图 4-13 读取 SQL Server 表记录

Ex4-8.aspx 文件代码如下：

```
<%@ Page Language="C#" AutoEventWireup="true" CodeFile="Ex4-8.aspx.cs" Inherits="Ex4_8" %>
<html xmlns="http://www.w3.org/1999/xhtml">
<head runat="server">
    <title>Ex4-8</title>
</head>
<body>
    <form id="form1" runat="server">
    <div>

        <asp:GridView ID="gdvsql" runat="server">
        </asp:GridView>

    </div>
    </form>
```

```
</body>
</html>
```

Ex4-8.aspx.cs 文件中的 Page_Load 代码如下：

```
protected void Page_Load(object sender, EventArgs e)
{
    SqlConnection conn = new SqlConnection("server=(local);database=sqldb;user=sa;pwd=123");
    string sql0 = "select * from users order by uid asc";
    SqlDataAdapter sda = new SqlDataAdapter(sql0, conn);
    DataSet ds = new DataSet();
    sda.Fill(ds);
    gdvsql.DataSource = ds;
    gdvsql.DataBind();
}
```

程序说明：

- 使用 SQL Server 数据库时，要使用 System.Data.SqlClient 命名空间，即在命名空间引用部分添加上“using System.Data.SqlClient;”代码。
- 首先定义用于连接 SQL Server 数据库的 SqlConnection 对象 conn，它指定了连接数据库的各项参数：server=(local)指明数据库在本地服务器上，而如果要连接到远程计算机数据库时，可以把(local)改成远程计算机的 IP 地址，如 server=202.192.132.126；database=sqldb 是数据库名称；user=sa 是访问的用户名；pwd=123 指明访问密码。数据库访问的用户名和密码要根据数据库设置情况而定。

提示：学习上面内容时，读者可以对比 Access 数据库连接，这样更容易理解。本例与例 4-7 除后台数据库类型不一样外，其功能是完全相同的，读者可以将两个例子对比学习。

同时，关于使用 Access 和 SQL Server 数据库时，各种 ADO.NET 对象（如 Connection、Comman 等）名称写法上的区别可参考 4.2 节中表 4-2 的内容。

4.4.2 Web.config 应用程序设置

Web.config 文件是基于 XML 格式的网站配置文件。因为网站中所有页面都可以访问该文件中的程序设置，所以用户可以利用 Web.config 文件快速创建和修改网站配置环境。

动态网站开发离不开数据库的支持，而数据库的存储位置、用户密码等信息都可能变化。为了能够保证网站配置的便捷性和网站的安全性，我们通常把数据库连接字符串放到 Web.config 的<appSettings>配置节中，使用“关键字/值”的方式进行设置，即<add key=""""关键字" value=""数据库连接字符串"/>，然后在页面中进行字符串读取。

【例 4-9】使用 Web.config 存放数据库连接字符串，并在页面中读取，改进例 4-7，使其达到相同效果（Ex4-9.aspx）。

具体操作步骤如下：

（1）打开网站项目后，执行“网站”菜单中的“添加新项”命令。

（2）在“添加新项”对话框的“模板”列表中选择“Web 配置文件”选项，保存文件名称为 Web.config。

（3）打开 Web.config 文件，找到 appSettings 配置节，将<appSettings/>修改为<appSettings> <add key="strcon" value="Provider=Microsoft.Jet.OLEDB.4.0;Data Source=|DataDirectory|mydata.mdb"/></appSettings>并保存。

（4）打开例 4-7 对应的代码文件 Ex4-7.aspx.cs，修改 Page_Load 事件中的数据库连接字符串定义行，即把 string strcon = "Provider=Microsoft.Jet.OLEDB.4.0;Data Source=|DataDirectory|mydata.mdb" 修改成 string strcon = System.Configuration.ConfigurationManager.AppSettings["strcon"].ToString()。

（5）保存文件，按 F5 键运行，效果如图 4-8 所示。

5 ADO.NET 数据显示控制

【学习目标】

通过本章知识的学习，读者在充分巩固 ADO.NET 数据访问知识的基础上，熟练掌握常用数据控件绑定后台数据的各种操作方法，以及 GridView 数据控件的常用属性、格式化显示、数据分页等技能。通过本章内容的学习，读者可以达到以下学习目的:

- 理解单值数据绑定、多值数据绑定和格式化数据绑定的含义。
- 掌握常用数据绑定方法和格式化设置。
- 理解 GridView 数据控件的常用属性和事件属性。
- 掌握 GridView 数据控件的分页技术。
- 了解 DataList、Repeater 数据控件的使用方法。
- 了解页面间参数传递技术。

5.1 情景分析

企业网站中的新闻动态、商品信息展示等内容的更新速度相当快，如果采用静态页面完成这部分工作，工作量之大令人难以想象。而利用数据库即时更新信息的动态网站成为必然选择。如何将数据库信息显示到网站页面上，让用户能够即时了解最新动态，获得有价值的信息。

在企业网站的新闻动态栏目中，页面显示多条新闻标题，当新闻记录数量较多时，还可以进行分页显示，如图 5-1 所示。用户单击某条新闻标题的链接时，显示新闻详细内容，如图 5-2 所示。

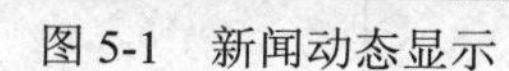

图 5-1　新闻动态显示

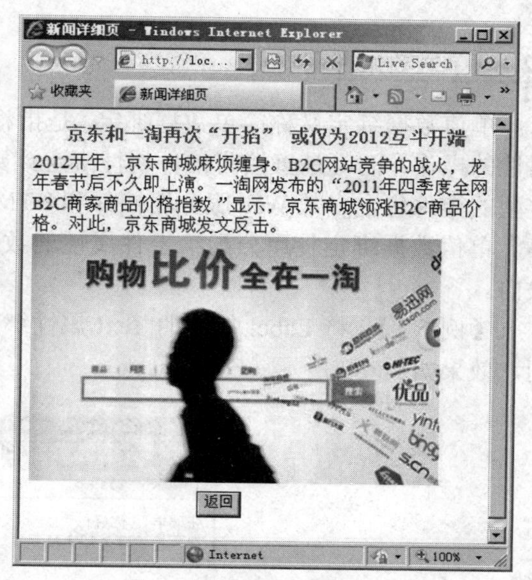

图 5-2　新闻详细内容显示

和本章新闻动态相关的数据库内容主要有新闻表（news），表中主要字段如表 5-1 所示。

表 5-1　webdata.mdb 数据库新闻表字段描述

字段名	字段类型	字符大小	描述
nid	自动编号		新闻编号，主关键字
ntitle	文本	50	新闻标题，最多支持 50 个汉字
ncontent	备注		新闻内容，备注型字段类型
npic	文本	30	新闻图片，保存图片存储路径
ndate	日期/时间		新闻添加日期，默认值为 Date()，即系统日期

5.2　数据绑定

数据绑定是使页面上控件的属性与数据库中的数据产生对应关系，实现页面与数据库的交互。即当控件与数据库中的数据绑定后，当数据库中的数据发生变化时，控件中的结果值也会发生相应的变化。通过数据绑定可以把控件的属性绑定到数据库表（如 Access 数据库表），也可以把控件属性绑定到表达式、属性和方法调用的返回值等，语法结构为<%#绑定数据源%>。

在 ASP.NET 中，<%#　%>是在 Web 页中使用数据绑定的基础，所有数据绑定表达式都必须包含在这些字符中。<%#　%>内联标记用于指定特定数据源中的信息存放在 Web 页中的位置。

5.2.1 单值数据绑定

单值数据绑定又称简单数据绑定，是指将公共变量或表达式的值绑定到页面或页面控件属性的操作，而不是直接将控件属性绑定到数据源。单值控件一次只能显示一个数据值，该类型的控件包含多数 Web 服务器控件和 HTML 客户端控件，如 TextBox、Label 和 HtmlAnchor 等。单值数据绑定使用分配给控件属性的数据绑定表达式，表达式应包含在<%# %>代码块内。

【例 5-1】 将 Label 控件的 Text 属性绑定到全局变量上，用于显示用户名和当前系统时间，效果如图 5-3 所示（Ex5-1.aspx）。

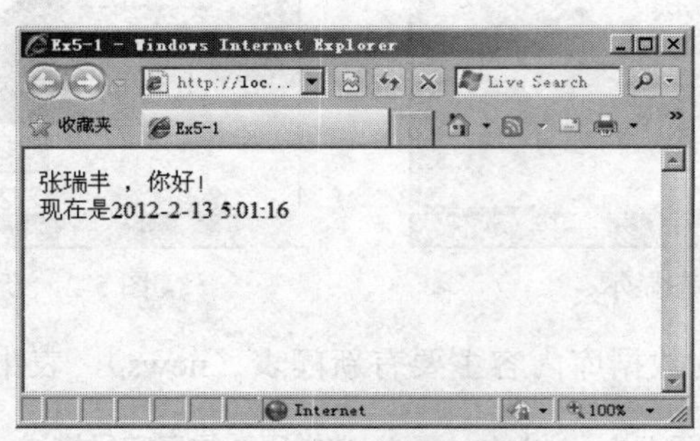

图 5-3 简单属性绑定

Ex5-1.aspx 文件代码如下：

```
<%@ Page Language="C#" AutoEventWireup="true" CodeFile="Ex5-1.aspx.cs" Inherits="Ex5_1" %>
<html xmlns="http://www.w3.org/1999/xhtml">
<head runat="server">
    <title>Ex5-1</title>
</head>
<body>
    <form id="form1" runat="server">
    <div>
        <asp:Label ID="Label1" runat="server"><%# username %></asp:Label>
        ，你好！<br />
        现在是<asp:Label ID="Label2" runat="server" Text="<%# dtnow %>"></asp:Label>
    </div>
    </form>
</body>
</html>
```

Ex5-1.aspx.cs 文件中的主要代码如下：

```
public partial class Ex5_1 : System.Web.UI.Page
{
    public string username;
    public DateTime dtnow;
    protected void Page_Load(object sender, EventArgs e)
    {
```

```
            username = "张瑞丰";
            dtnow = DateTime.Now;
            DataBind();
        }
    }
```

程序说明：

- 首先，在 Page_Load 事件前定义了两个全局变量 username 和 dtnow，分别用于保存用户名和系统时间。
- 在 Page_Load 事件中，使用 DataBind()方法实现页面中所有控件的数据绑定。前台页面中，<%# username %>和<%# dtnow %>用于显示变量值。

5.2.2 多值数据绑定

多值数据绑定是指可以同时显示多条数据记录的控件绑定，该类型常用控件有 RadioButtonList、DropDownList、GridView、DataList 和 Repeater 等。

1. RadioButtonList 控件绑定

RadioButtonList 控件的选项值如果是固定不变的话，用户可以通过编辑控件的 Item 项来完成；而当选项值发生变化时，则需要通过读取数据库来实现，即数据绑定。

【例 5-2】将 App_Data 文件夹 mydata 数据库中，vote 表中的数据绑定到 RadioButtonList 控件上，用于显示单选项目。用户选择选项并单击“投票”按钮后，页面显示投票信息，并修改后台数据库该选项的得票数，效果如图 5-4 所示（Ex5-2.aspx）。

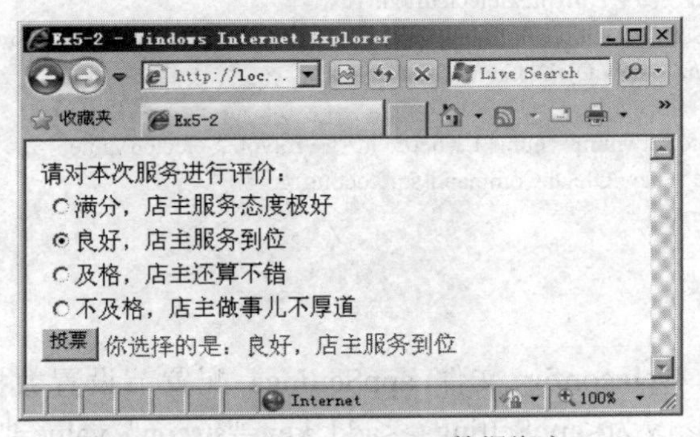

图 5-4 RadioButtonList 数据绑定

Ex5-2.aspx 文件代码如下：

```
<%@ Page Language="C#" AutoEventWireup="true" CodeFile="Ex5-2.aspx.cs" Inherits="Ex5_2" %>
<html xmlns="http://www.w3.org/1999/xhtml">
<head runat="server">
    <title>Ex5-2</title>
</head>
<body>
    <form id="form1" runat="server">
    <div>
```

```
            请对本次服务进行评价：<asp:RadioButtonList ID="rblvote" runat="server">
            </asp:RadioButtonList>
            <asp:Button ID="Button1" runat="server" onclick="Button1_Click" Text="投票" />
            <asp:Label ID="lblmes" runat="server" ForeColor="Red"></asp:Label>
        </div>
        </form>
</body>
</html>
```

Ex5-2.aspx.cs 文件中的主要代码如下：

```
protected void Page_Load(object sender, EventArgs e)
{
    if (!IsPostBack)
    {
        string acon = System.Configuration.ConfigurationManager.AppSettings["strcon"].ToString();
        OleDbConnection oconn = new OleDbConnection(acon);
        OleDbDataAdapter oda = new OleDbDataAdapter("select * from vote", oconn);
        DataSet ds = new DataSet();
        oda.Fill(ds);
        rblvote.DataSource = ds;
        rblvote.DataTextField = "vname";
        rblvote.DataValueField = "vid";
        rblvote.DataBind();
    }
}
protected void Button1_Click(object sender, EventArgs e)
{
    lblmes.Text ="你选择的是："+rblvote.SelectedItem.Text;
    string acon = System.Configuration.ConfigurationManager.AppSettings["strcon"].ToString();
    OleDbConnection oconn = new OleDbConnection(acon);
    oconn.Open();
    string sql0="update vote set vnum=vnum+1 where vid=" + rblvote.SelectedValue;
    OleDbCommand ocmd = new OleDbCommand(sql0,oconn);
    ocmd.ExecuteNonQuery();
    oconn.Close();
}
```

程序说明：

- 该例中使用了 Web.config 文件 appSettings 配置节设置数据库连接字符串，即将<appSettings/>修改为<appSettings><add key="strcon" value="Provider= Microsoft.Jet.OLEDB.4.0;Data Source=|DataDirectory|mydata.mdb"/></appSettings>。
- RadioButtonList 控件数据绑定的操作步骤：先指定数据源，再指定文本数据源（DataTextField）和列表值数据源（DataValueField），最后进行数据绑定。
- RadioButtonList 控件数据绑定完成后，SelectedItem.Text 对应的是 DataTextField 的值，即选项显示的文本；SelectedValue 对应的是 DataValueField 的值。

本例中使用的 vote 表主要由选项编号 vid、选项文本 vname 和选项得票 vnum 三个字段组成。其中，字段类型依次为自动编号、文本和数字。

2. DropDownList 控件绑定

DropDownList 控件和 RadioButtonList 控件的数据绑定操作十分相似，下面通过一个例子简单介绍。

【例 5-3】将 mydata 数据库中 city 表中的数据绑定到 DropDownList 控件上，用于显示下拉选项。用户选择选项，单击“提交”按钮后，页面显示提示信息，效果如图 5-5 所示（Ex5-3.aspx）。

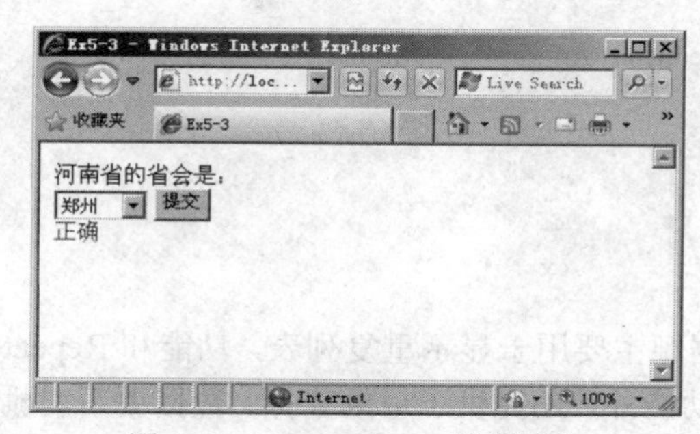

图 5-5　DropDownList 数据绑定

Ex5-3.aspx 文件代码如下：

```
<%@ Page Language="C#" AutoEventWireup="true" CodeFile="Ex5-3.aspx.cs" Inherits="Ex5_3" %>
<html xmlns="http://www.w3.org/1999/xhtml">
<head runat="server">
    <title>Ex5-3</title>
</head>
<body>
    <form id="form1" runat="server">
    <div>
        河南省的省会是：<br />
        <asp:DropDownList ID="ddlcity" runat="server">
        </asp:DropDownList>
        <asp:Button ID="Button1" runat="server" onclick="Button1_Click" Text="提交" />
        <br />
        <asp:Label ID="lblmes" runat="server" ForeColor="Red"></asp:Label>
    </div>
    </form>
</body>
</html>
```

Ex5-3.aspx.cs 文件中的主要代码如下：

```
protected void Page_Load(object sender, EventArgs e)
{
  if (!IsPostBack)
  {
    string acon = System.Configuration.ConfigurationManager.AppSettings["strcon"].ToString();
    OleDbConnection oconn = new OleDbConnection(acon);
    OleDbDataAdapter oda = new OleDbDataAdapter("select * from city", oconn);
    DataSet ds = new DataSet();
    oda.Fill(ds);
```

```
        ddlcity.DataSource = ds;
        ddlcity.DataValueField = "cid";
        ddlcity.DataTextField = "cname";
        ddlcity.DataBind();
    }
}
protected void Button1_Click(object sender, EventArgs e)
{
    string strans = ddlcity.SelectedItem.Text;
    if (strans == "郑州")
        lblmes.Text = "正确";
    else
        lblmes.Text = "错误";
}
```

3. DataList 控件绑定

DataList 控件绑定数据源主要用于显示重复列表，功能和 Repeater 控件功能相同，更容易操作。它除了显示数据的功能外，还提供了记录选择、数据更新和删除功能。同时，读者可以使用模板对控件列表项的内容和布局进行定义。常用模板主要有 HeaderTemplate、ItemTemplate、AlternatingItemTemplate 和 SeparatorTemplate，它们依次表示标题模板、项目模板、替换项模板和分隔符模板。

【例 5-4】利用 DataList 和 HyperLink 控件绑定数据库中友情链接表 friends，显示友情链接网站名称，当鼠标悬浮在网站名称上时显示网站介绍，单击链接打开相应网站，效果如图 5-6 所示（Ex5-4.aspx）。

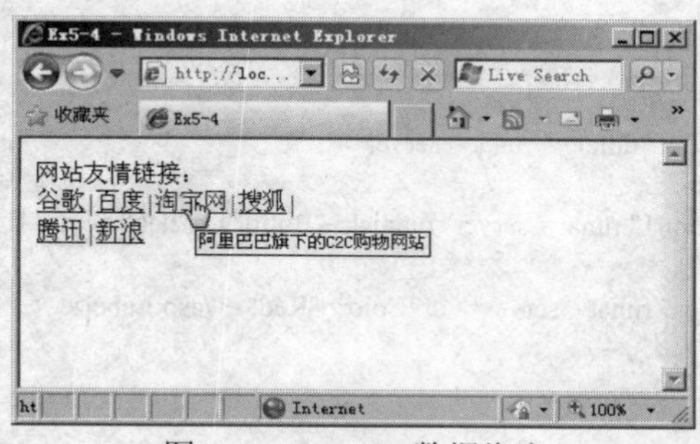

图 5-6　DataList 数据绑定

Ex5-4.aspx 文件代码如下：

```
<%@ Page Language="C#" AutoEventWireup="true" CodeFile="Ex5-4.aspx.cs" Inherits="Ex5_4" %>
<html xmlns="http://www.w3.org/1999/xhtml">
<head runat="server">
    <title>Ex5-4</title>
</head>
<body>
    <form id="form1" runat="server">
    <div>
```

```
            网站友情链接：
          <asp:DataList ID="dlfri" runat="server" RepeatColumns="4" RepeatDirection="Horizontal">
                <SeparatorTemplate>|</SeparatorTemplate>
                <ItemTemplate>
          <asp:HyperLink ID="hplfri" runat="server" NavigateUrl='<%# Eval("furl")%>' Target="_blank" ToolTip=
          '<%# Eval("fmemo")%>' Text='<%# Eval("fname")%>'></asp:HyperLink>
                </ItemTemplate>
          </asp:DataList>
      </div>
      </form>
</body>
</html>
```

Ex5-4.aspx.cs 文件中的 Page_Load 代码如下：

```
protected void Page_Load(object sender, EventArgs e)
{
    string acon = System.Configuration.ConfigurationManager.AppSettings["strcon"].ToString();
    OleDbConnection oconn = new OleDbConnection(acon);
    OleDbDataAdapter oda = new OleDbDataAdapter("select * from friends", oconn);
    DataSet ds = new DataSet();
    oda.Fill(ds);
    dlfri.DataSource = ds;
    dlfri.DataBind();
}
```

程序说明：

- 本例中主要使用了 DataList 控件中的 ItemTemplate 和 SeparatorTemplate 模板。读者可以通过选择 DataList 控件右上方功能扩展按钮中“DataList 任务”的“编辑模板”命令，进行相应模板的编辑。
- DataList 控件常用属性有 RepeatColumns 和 RepeatDirection，分别表示每行显示的列数和排列方向。
- 在 DataList 控件的 ItemTemplate 模板中添加了 HyperLink 控件，并将 HyperLink 控件的 NavigateUrl（链接网址）、ToolTip（鼠标悬浮时显示提示文本）和 Text（页面显示文本）属性通过 Eval 方法绑定到后台数据源。Eval 方法是一种静态方法，不论绑定什么样的数据，总是返回字符串，读者不必关心数据本来的数据类型和转换。常用语法格式为<%# Eval("字段名")%>。
- DataList 控件绑定到 DataSet 对象的方法和前面介绍的 GridView、DropDownList、RadioButtonList 等控件的数据绑定方法相似，读者可以对比学习。

5.2.3 格式化数据绑定

Eval 方法是 ASP.NET Framework 提供的一种静态方法，它会将绑定的结果格式转化为字符串，同时还支持格式化显示。格式化数据绑定的常用语法结构为<%# Eval("字段名", “格式字符串”)%>。其中，常见格式字符串如表 5-2 所示。

表 5-2 常见格式字符串说明

格式化字符串	数据类型	说明
{0:D}	日期型	长日期，如“2012 年 1 月 24 日”
{0:d}	日期型	短日期，如“2012-1-24”
{0:F}	日期时间型	长日期时间，如“2012 年 1 月 24 日 13:21:05”
{0:f}	日期时间型	短日期时间，如“2012 年 1 月 24 日 13:21”
{0:T}	时间型	长时间，如“13:21:05”
{0:t}	时间型	短时间，如“13:21”
{0:N2}	数值型	保留两位小数，如“298.06”
{0:P}	数值型	百分数显示，如“12.25%”

【例 5-5】利用 DataList 和 Label 控件绑定数据库中的会员表 members，显示用户名和注册日期，日期格式为长日期格式（如“2012 年 3 月 6 日”），效果如图 5-7 所示（Ex5-5.aspx）。

图 5-7 日期格式化显示

Ex5-5.aspx 文件代码如下：

```
<%@ Page Language="C#" AutoEventWireup="true" CodeFile="Ex5-5.aspx.cs" Inherits="Ex5_5" %>
<html xmlns="http://www.w3.org/1999/xhtml">
<head runat="server">
    <title>Ex5-5</title>
</head>
<body>
    <form id="form1" runat="server">
    <div>
        <asp:DataList ID="DataList1" runat="server">
            <HeaderTemplate>
                姓名 注册日期
            </HeaderTemplate>
            <ItemTemplate>
                <asp:Label ID="Label2" runat="server" Text='<%#Eval("mname")%>'></asp:Label>
                <asp:Label ID="Label1" runat="server" Text='<%# Eval("mdate","{0:D}")%>'></asp:Label>
            </ItemTemplate>
```

```
            </asp:DataList>
        </div>
        </form>
</body>
</html>
```

Ex5-5.aspx.cs 文件中的 Page_Load 代码如下：

```
protected void Page_Load(object sender, EventArgs e)
{
    string acon = System.Configuration.ConfigurationManager.AppSettings["strcon"].ToString();
    OleDbConnection oconn = new OleDbConnection(acon);
    OleDbDataAdapter oda = new OleDbDataAdapter("select * from members", oconn);
    DataSet ds = new DataSet();
    oda.Fill(ds);
    DataList1.DataSource = ds;
    DataList1.DataBind();
}
```

程序说明：

代码<%# Eval("mdate","{0:D}")%>实现日期显示格式为长日期格式。{0:D}也可以写成{0:yyyy 年 MM 月 dd 日}。

5.3 GridView 控件数据绑定

GridView 控件主要用于以表格形式显示数据源中的数据，通常结合 DataSet 和 DataTable 等对象使用。GridView 控件除了支持显示记录外，还支持选择、编辑、分布、排序等多种操作。由于 GridView 控件的强大功能支持且操作简单，在网站开发中被广泛使用。

5.3.1 GridView 显示查询结果

在前面章节，我们已经使用过 GridView 控件显示数据源表格记录，除了自动显示所有列以外，读者还可以通过单击 GridView 控件右上方的“功能扩展”按钮，选择“GridView 任务”中的“编辑列…”命令，设置指定列属性、格式化显示绑定数据的格式以及编辑 GridView 控件模板内容等操作。

GridView 控件的数据绑定列类型丰富，常用的类型说明如表 5-3 所示。

表 5-3　GridView 控件常用绑定列类型及说明

类型	说明
BoundField	默认列类型，作为纯文本显示字段值。其中，DataField 属性指定绑定的字段
HyperLinkField	作为超链接显示字段值。其中，DataTextField 属性表示显示文本；DataNavigateUrlFormatString 属性表示对超链接的 NavigateUrl 属性格式设置，如 page.aspx?id={0}；DataNavigateUrlFields 属性表示绑定到超链接的 NavigateUrl 属性的字段

续表

类型	说明
ImageField	作为图片的 Src 属性显示字段值。其中，DataImageUrlField 属性指定显示图片 URL 绑定字段
CheckBoxField	作为复选框显示字段值，通常用于生成布尔值
ButtonField	作为命令按钮显示字段值
TemplateField	模板类型。用户自定义显示内容时使用，模板可以包括多种控件，并采用 Eval()方法绑定到数据源中的字段列

【例 5-6】利用 GridView 控件绑定数据库中的会员表 members，显示用户名、性别、学历和注册日期。其中，性别显示为“男”或“女”，注册日期为短日期格式（如“2012-3-6”），效果如图 5-8 所示（Ex5-6.aspx）。

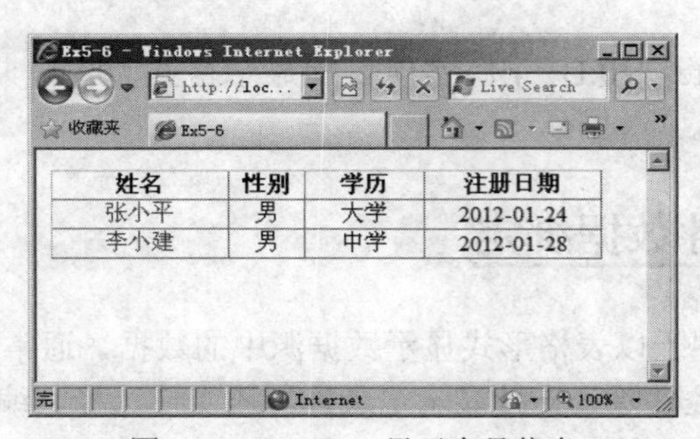

图 5-8　GridView 显示会员信息

Ex5-6.aspx 文件代码如下：

```
<%@ Page Language="C#" AutoEventWireup="true" CodeFile="Ex5-6.aspx.cs" Inherits="Ex5_4" %>
<html xmlns="http://www.w3.org/1999/xhtml">
<head runat="server">
    <title>Ex5-6</title>
</head>
<body>
    <form id="form1" runat="server">
    <div>
        <asp:GridView ID="gdvnews" runat="server" AutoGenerateColumns="False">
            <Columns>
                <asp:BoundField DataField="mname" HeaderText="姓名" >
                    <ItemStyle ForeColor="Red" HorizontalAlign="Center" Width="120px" />
                </asp:BoundField>
                <asp:TemplateField HeaderText="性别">
                    <EditItemTemplate>
                        <asp:TextBox ID="TextBox1" runat="server" Text='<%# Bind("msex") %>'></asp:TextBox>
                    </EditItemTemplate>
                    <ItemTemplate>
                        <asp:Label ID="Label1" runat="server">
```

```
                    <%#Convert.ToBoolean(Eval("msex"))?"男":"女"%>
                </asp:Label>
                </ItemTemplate>
                <ItemStyle HorizontalAlign="Center" Width="50px" />
            </asp:TemplateField>
            <asp:BoundField DataField="medu" HeaderText="学历" >
                <ItemStyle HorizontalAlign="Center" Width="80px" />
            </asp:BoundField>
            <asp:BoundField DataField="mdate" DataFormatString="{0:yyyy-MM-dd}" HeaderText="注册日期" >
                <ItemStyle HorizontalAlign="Center" Width="120px" />
            </asp:BoundField>
        </Columns>
    </asp:GridView>
    </div>
    </form>
</body>
</html>
```

Ex5-6.aspx.cs 文件中的 Page_Load 代码如下：

```
protected void Page_Load(object sender, EventArgs e)
{
    string acon = System.Configuration.ConfigurationManager.AppSettings["strcon"].ToString();
    OleDbConnection oconn = new OleDbConnection(acon);
    OleDbDataAdapter oda = new OleDbDataAdapter("select * from members", oconn);
    DataSet ds = new DataSet();
    oda.Fill(ds);
    gdvnews.DataSource = ds;
    gdvnews.DataBind();
}
```

程序说明：

- 因为本例中只显示了会员表的部分字段，所以需要通过编辑列的方法来完成，即在“可用字段”列表中选择“BoundField”选项，然后设置 DataField 和 HeaderText 属性。其中，DataField 表示绑定的表格字段，HeaderText 表示表格标题。
- 为了对“注册日期”进行格式化显示，在设置 BoundField 的 DataField 和 HeaderText 属性之后，还需要将“注册日期”的 DataFormatString 属性设置为“{0:yyyy-MM-dd}”。
- 由于表格中性别存储的是“是/否”数据类型，要想显示为“男”、“女”，则需要使用模板项。读者需要在“可用字段”列表中选择“TemplateField”选项，然后执行“GridView 任务”中的“编辑模板”命令。在模板中添加 Label 控件，并设置 Text 属性为“<%#Convert.ToBoolean(Eval("msex"))?"男":"女"%>”。

提示：对“性别”字段进行数据绑定时，Text 属性设置为“<%#Convert.ToBoolean(Eval("msex"))?"男":"女"%>”。其中采用了 Convert.ToBoolean()强制类型转换方法，把字符串转换为布尔变量。然后使用了三目运算符？运算，即<逻辑表达式>？<值 1>:<值 2>。其中？运算符的含义是先求逻辑表达式的值，如果为真，则返回值 1；否则返回值 2。

5.3.2 GridView 常用属性和事件

GridView 控件支持大量属性，用户可以通过简单设置控件属性，从而达到简化编程的目的。GridView 控件属性分别属于布局、行为、数据、样式和模板等类型，常用的属性及说明如表 5-4 所示。

表 5-4 GridView 控件的常用属性及说明

属性	说明
AllowPaging	控件是否支持分页。相关属性还有 DataKeyNames、DataKeys、PageSize、PageIndex 属性和 PageSittings 属性组，以及 PageIndexChanging 事件
DataKeyNames	包含当前显示项的主关键字段的名称的数组
DataKeys	GridView 控件中每一行的数据键
PageSize	用于指定每页显示的记录行数
PageIndex	基于 0 的索引，标识当前显示的数据页
PageSettings	用于设置分页格式
AllowSorting	控件是否支持排序。相关事件有 Sorting 和 Sorted 排序事件
DataSource	设置控件数据源。常见的有 DataSet 和 DataTable 对象
Caption	控件标题。相关属性有 CaptionAlign 标题对齐方式
GridLines	设置控件网格线样式。取值为 None、Horizontal、Vertical 和 Both，分别显示无网格线、水平网格线、垂直网格线、水平和垂直网格线，默认为 None
ShowHeader	控件是否显示标题。相关属性有 HeaderStyle 属性组，用于设置标题样式

GridView 控件除了支持上述属性外，还具有多种事件。用户可以通过对控件的常用事件进行编程，从而达到优化程序效率的目的。常用的 GridView 控件相关事件如表 5-5 所示。

表 5-5 GridView 控件的常用事件及说明

事件	说明
PageIndexChanging	在 GridView 控件处理分页操作之前被触发
RowDataBound	在 GridView 控件创建行操作时被触发
Sorting	在 GridView 控件处理排序操作之前被触发
RowEditing	在 GridView 控件进行编辑模式之前被触发
RowDeleting	在 GridView 控件删除行操作之前被触发
RowUpdating	对数据源执行 Update 命令之前被触发
SelectedIndexChanging	在 GridView 控件选择新记录行之前被触发

【例 5-7】利用 GridView 控件绑定数据库中的新闻表 news，显示新闻标题。其中，新闻标题长度超过 15 个文字时，显示 13 个文字后面加“…”的形式，运行效果如图 5-9 所示（Ex5-7.aspx）。

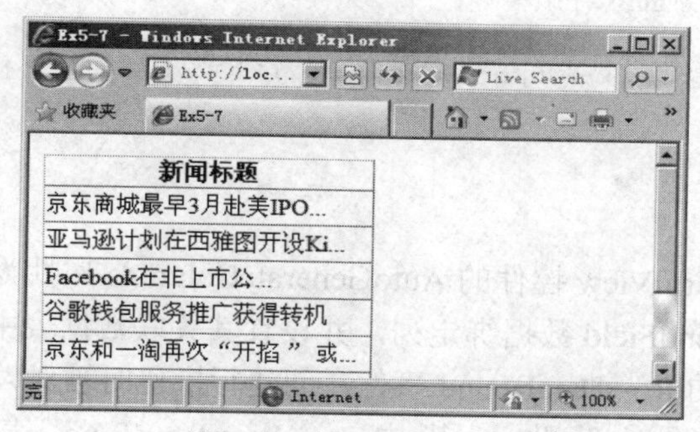

图 5-9 超长标题显示

Ex5-7.aspx 文件代码如下：

```
<%@ Page Language="C#" AutoEventWireup="true" CodeFile="Ex5-7.aspx.cs" Inherits="Default2" %>
<html xmlns="http://www.w3.org/1999/xhtml">
<head runat="server">
    <title>Ex5-7</title>
</head>
<body>
    <form id="form1" runat="server">
    <div>
        <asp:GridView ID="GridView1" runat="server" AutoGenerateColumns="False" onrowdatabound=
        "GridView1_RowDataBound">
            <RowStyle Height="26px" />
            <Columns>
                <asp:BoundField DataField="ntitle" HeaderText="新闻标题" />
            </Columns>
        </asp:GridView>
    </div>
    </form>
</body>
</html>
```

Ex5-7.aspx.cs 文件中的 Page_Load 事件和 RowDataBound 事件代码如下：

```
protected void Page_Load(object sender, EventArgs e)
{
    string acon = System.Configuration.ConfigurationManager.AppSettings["strcon"].ToString();
    OleDbConnection oconn = new OleDbConnection(acon);
    OleDbDataAdapter oda = new OleDbDataAdapter("select * from news", oconn);
    DataSet ds = new DataSet();
    oda.Fill(ds);
    GridView1.DataSource = ds;
    GridView1.DataBind();
}
```

```
protected void GridView1_RowDataBound(object sender, GridViewRowEventArgs e)
{
  if (e.Row.RowType == DataControlRowType.DataRow)
  {
    if (e.Row.Cells[0].Text.Length >= 15)
    {
      e.Row.Cells[0].Text = e.Row.Cells[0].Text.Substring(0, 13) + "...";
    }
  }
}
```

程序说明：

- 本例中设置了 GridView 控件的 AutoGenerateColumns 属性为 False，即关闭自动生成列。添加了 BoundField 数据绑定列，并设置其关联数据表中的 ntitle 字段。
- GridView 控件的 RowDataBound 事件在创建行操作时被触发，即 GridView 绑定数据源生成记录行时发生。其中，e.Row.RowType 表示当前行的类型；DataControlRowType.DataRow 表示 GridView 行类型集合的数据绑定行。即语句 if(e.Row.RowType == DataControlRowType.DataRow) 的作用是判断当前行是不是数据绑定行，从而把标题行排除在外。
- e.Row.Cells[0].Text.Length 表示 GridView 控件当前记录行的第 1 个单元格的 Text 属性的字符串长度。
- 本例中采用了 Substring 方法进行字符串截取，该方法的语法为 Substring(起始位置，截取长度)。e.Row.Cells[0].Text.Substring(0, 13)表示从字符串的最左边截取 13 个字符的长度。

5.4 网站新闻页面设计

企业网站是企业对外宣传的窗口，企业动态新闻往往是企业网站的必备栏目。本节通过网站新闻页面及新闻详细内容显示网页的设计案例，详细介绍数据绑定相关操作。

5.4.1 新闻整体显示

通过使用 GridView 控件，绑定后台数据库新闻表 news。其中，新闻记录按新闻发布时间降序排列；新闻列表最左侧增加一列“*”号；新闻标题以超链接形式显示，并绑定到新闻详细页面 newsdetail.aspx。

具体操作步骤如下：

（1）新建一个 news.aspx 页面，修改页面标题 title 为“企业网站新闻”。

（2）在页面添加 GridView 控件，设置 ID 属性为 gdvnews。选择 GridView 控件，单击右上方的“功能扩展”按钮，选择“GridView 任务”中的“编辑列...”命令，打开“字段”对话框。

（3）依次添加 TemplateField、HyperLinkField 和 BoundField 类型字段，如图 5-10 所示。

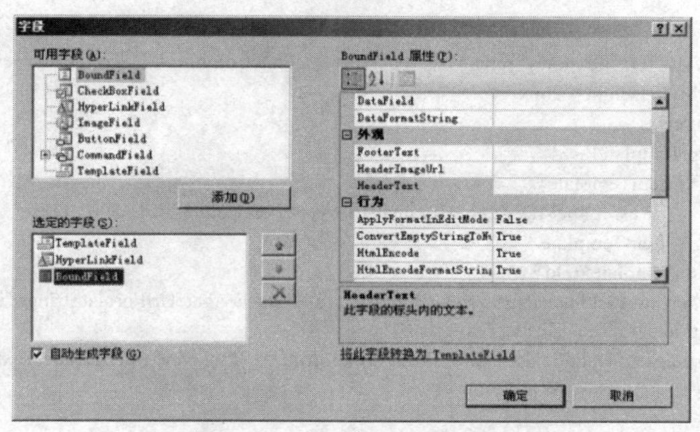

图 5-10 “字段”对话框

（4）设置 BoundField 字段的 HeaderText、DataField 和 DataFormatString 属性值依次为“发布日期”、“ndate”和“{0:yy-MM-dd}”。

（5）设置 HyperLinkField 字段的 HeaderText、DataTextField、DataNavigateUrlFormatString 和 DataNavigateUrlFields 属性值依次为“标题”、“ntitle”、“newdetail.aspx?nid={0}”和“nid”。单击“确定”按钮，关闭“字段”对话框。

（6）执行“GridView 任务”中的“编辑模板”命令，选择“模板编辑模式”窗口中“显示”下拉菜单中的“ItemTemplate”。

（7）在左侧的 ItemTemplate 窗口中添加 Label 控件，设置 Text 和 ForeColor 属性分别为“*”和“#FF3300”。单击“结束模板编辑”命令，完成 GridView 控件编辑。

（8）双击页面空白处，进入 news.aspx.cs 文件中的 page_load 事件。在命名空间处输入“using System.Data.OleDb;”，在 page_load 事件中输入如下命令：

```
protected void Page_Load(object sender, EventArgs e)
{
  string acon = System.Configuration.ConfigurationManager.AppSettings["strcon"].ToString();
  OleDbConnection oconn = new OleDbConnection(acon);
  OleDbDataAdapter oda = new OleDbDataAdapter("select * from news", oconn);
  DataSet ds = new DataSet();
  oda.Fill(ds);
  gdvnews.DataSource = ds;
  gdvnews.DataBind();
}
```

相应地，news.aspx 文件的源代码如下：

```
<%@ Page Language="C#" AutoEventWireup="true" CodeFile="news.aspx.cs" Inherits="news" %>
<html xmlns="http://www.w3.org/1999/xhtml">
<head runat="server">
    <title>企业网站新闻</title>
</head>
<body>
    <form id="form1" runat="server">
```

```
        <div>
            <asp:GridView ID="gdvnews" runat="server" AutoGenerateColumns="False" GridLines="None">
                <RowStyle Height="26px" />
                <Columns>
                    <asp:TemplateField>
                        <ItemTemplate>
                            <asp:Label ID="Label1" runat="server" ForeColor="#FF3300" Text="*"></asp:Label>
                        </ItemTemplate>
                    </asp:TemplateField>
                <asp:HyperLinkField DataNavigateUrlFields="nid" DataNavigateUrlFormatString="newdetail.aspx?nid={0}"
                DataTextField="ntitle" HeaderText="标题" />
                <asp:BoundField DataField="ndate" DataFormatString="{0:yy-MM-dd}" HeaderText="发布日期" />
            </Columns>
        </asp:GridView>
    </div>
    </form>
</body>
</html>
```

（9）保存并运行程序，效果如图 5-11 所示。

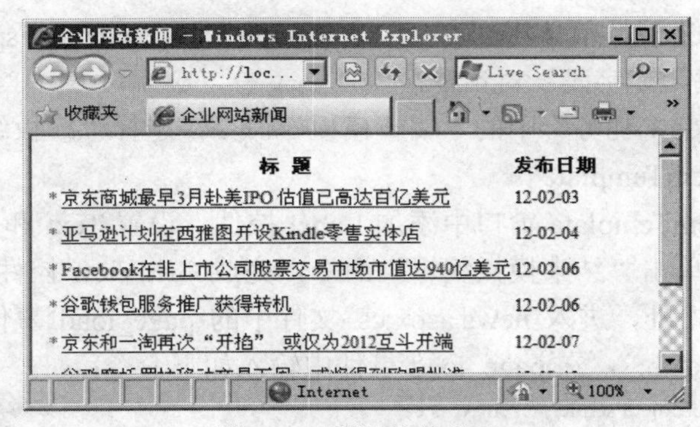

图 5-11 新闻整体显示

5.4.2 新闻标题省略显示

具体操作步骤如下：

（1）选择 GridView 控件 gdvnews，单击右上方的“功能扩展”按钮，选择“GridView 任务”中的“编辑列...”命令。

（2）在“字段”对话框中选择 HyperLink 类型绑定字段“标题”，单击对话框右下方的“将此字段转换为 TemplateField”命令。

（3）单击“确定”按钮，关闭对话框。用户查看文件的源代码时会发现，数据绑定列转换为模板列之前的代码<asp:HyperLinkField DataNavigateUrlFields="nid" DataNavigateUrlFormatString ="newdetail.aspx?nid={0}" DataTextField="ntitle" HeaderText="标题" />，在转换后变成如下代码：

```
<asp:TemplateField HeaderText="标题">
<ItemTemplate>
    <asp:HyperLink ID="HyperLink1" runat="server" NavigateUrl='<%# Eval("nid", "newdetail.aspx?nid={0}") %>'
    Text='<%# Eval("ntitle") %>'></asp:HyperLink>
</ItemTemplate>
</asp:TemplateField>
```

用户也可以直接通过添加模板列，改写代码来直接完成此转换操作。

（4）选择 GridView 控件 gdvnews，双击事件属性中的“RowDataBound”属性，进入控件 RowDataBound 事件编辑区，输入以下代码：

```
if (e.Row.RowType == DataControlRowType.DataRow)
{
  HyperLink hpnews = (HyperLink)e.Row.FindControl("HyperLink1");
  if (hpnews.Text.Length >= 15)
  {
    hpnews.Text = hpnews.Text.Substring(0, 13) + "...";
  }
}
```

（5）保存并运行程序，效果如图 5-12 所示。

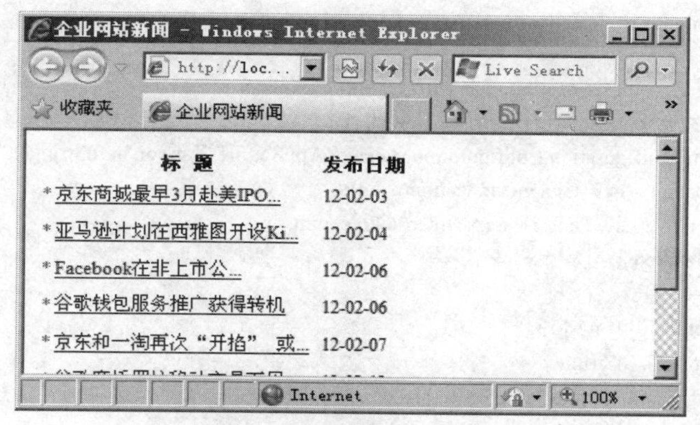

图 5-12　新闻标题省略显示

5.4.3　新闻整体分页

（1）选择 GridView 控件 gdvnews，设置控件的 AllowPaging 属性为 True（即允许显示分页）；PageSize 属性为 6（即每页显示 6 条记录），PageStyle 属性组中的 HorizontalAlign 属性为 Center（即实现分页居中对齐）。

（2）双击 GridView 控件 gdvnews 事件属性中的“PageIndexChanging”属性，进入控件 PageIndexChanging 事件编辑区，输入以下代码：

```
gdvnews.PageIndex = e.NewPageIndex;
gdvnews.DataBind();
```

（3）保存并运行程序，效果如图 5-1 所示。

5.4.4 新闻详细页

（1）新建一个 newdetail.aspx 页面，修改页面标题 title 为“新闻详细页”。

（2）在页面内添加一个 3 行 1 列的表格控件 Table，设置表格宽度为 500px，并设置第一和第 3 个单元格的水平对齐方式为居中对齐。

（3）在第一个单元格中添加 Label 控件，设置 ID 属性为 lbltitle，Font-Bold 属性为 True（即加粗显示），ForeColor 属性为 Red。

（4）在第二个单元格添加 Label 控件，设置 ID 属性为 lblcontent；再添加一个 Image 控件，设置 ID 属性为 mewpic，Visible 属性为 False（即不可见）。

（5）在第三个单元格中添加 Button 控件，设置 Text 属性为“返回”。双击进入 newdetail.aspx.cs 文件的 Button1_Click 事件编辑区，输入“Response.Redirect("news.aspx");”实现单击返回新闻页面。

（6）newdetail.aspx.cs 文件的 Page_Load 事件输入数据绑定代码和数据库命名空间引用。newdetail.aspx.cs 文件主要代码内容如下：

```
protected void Page_Load(object sender, EventArgs e)
{
   Int32 newid = Convert.ToInt32(Request.QueryString["nid"]);
   string sql0 = "select * from news where nid=" + newid;
   string acon = System.Configuration.ConfigurationManager.AppSettings["strcon"].ToString();
   OleDbConnection oconn = new OleDbConnection(acon);
   OleDbDataAdapter oda = new OleDbDataAdapter(sql0, oconn);
   DataSet ds = new DataSet();
   oda.Fill(ds);
   DataRow dr = ds.Tables[0].Rows[0];
   lbltitle.Text = dr["ntitle"].ToString();
   lblcontent.Text = dr["ncontent"].ToString();
   if (dr["npic"].ToString() != "")
   {
      imgpic.ImageUrl = dr["npic"].ToString();
      imgpic.Visible = true;
   }
}
protected void Button1_Click(object sender, EventArgs e)
{
   Response.Redirect("news.aspx");
}
```

代码中采用 Request.QueryString["nid"]方法，接收新闻页面传递过来的参数值 nid，利用 Convert.ToInt32()方法将字符串转化为 32 位数字。并定义了 DataRow 对象保存查询到的记录行信息，分别读取到新闻详细页面上。

（7）保存，最终运行效果如图 5-2 所示。

5.5 知识拓展

5.5.1 GridView 删除记录行

在数据绑定操作过程中，GridView 控件除了上面已经介绍的功能外，还具备记录管理的功能，如记录行的选择、编辑、排序和删除操作。由于记录删除操作在日常使用的频率较高，这里将主要介绍，其他内容读者可以参考相关资料。

【例 5-8】利用 GridView 控件绑定数据库中的会员表 members，使用 CommandField 类型组中的“删除”命令按钮实现用户的删除操作，效果如图 5-13 所示（Ex5-8.aspx）。

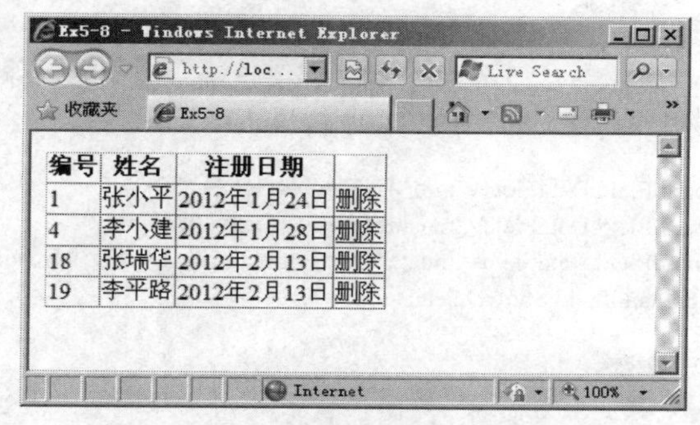

图 5-13　GridView 添加删除按钮

（1）新建一个 Ex5-8.aspx 页面，在页面中添加 GridView 控件，设置 ID 属性为 gdvuser。并通过“编辑列…”命令依次添加 3 个 BoundField 字段类型，分别设置标题为“编号”、“姓名”和“注册日期”。

（2）再将上述 3 个 BoundField 字段绑定到后台数据源的 mid、mname 和 mdate 字段，并设置注册日期的 DataFormatString 属性为{0:D}（即“yyyy 年 MM 月 dd 日”格式显示）。

（3）在“字段”对话框中再添加一个 CommandField 类下的“删除”列。单击“确定”按钮，关闭对话框。

（4）选中 GridView 控件，双击事件属性中的 RowDeleting 事件，进入 RowDeleting 事件编辑区，输入如下代码：

```
Int32 delid = Convert.ToInt32(gdvuser.DataKeys[e.RowIndex].Value);
string sql0 = "delete from members where mid=" + delid;
string acon = System.Configuration.ConfigurationManager.AppSettings["strcon"].ToString();
OleDbConnection oconn = new OleDbConnection(acon);
oconn.Open();
OleDbCommand ocmd = new OleDbCommand(sql0, oconn);
ocmd.ExecuteNonQuery();
oconn.Close();
Response.Redirect("Ex5-8.aspx");
```

其中，使用 gdvuser.DataKeys[e.RowIndex].Value 获取当前行记录对应数据库的主关键字值，即用户编号 mid 字段值。但由于 GridView 控件的 DataKeys 属性需要指定 DataKeyNames 属性才能使用，所以我们在 Page_Load 事件中对 GridView 进行数据绑定时，需要增加一行指定 GridView 关键字的命令，即“gdvuser.DataKeyNames = new string[] { "mid" };”。

（5）打开 Ex5-8.aspx.cs 文件，输入数据库命名空间引用和 Page_Load 事件代码并保存。

Ex5-8.aspx 文件代码如下：

```
<%@ Page Language="C#" AutoEventWireup="true" CodeFile="Ex5-8.aspx.cs" Inherits="Ex5_8" %>
<html xmlns="http://www.w3.org/1999/xhtml">
<head runat="server">
    <title>Ex5-8</title>
</head>
<body>
    <form id="form1" runat="server">
    <div>
        <asp:GridView ID="gdvuser" runat="server" AutoGenerateColumns="False" onrowdatabound=
        "gdvuser_RowDataBound" onrowdeleting="gdvuser_RowDeleting">
            <Columns>
                <asp:BoundField DataField="mid" HeaderText="编号" />
                <asp:BoundField DataField="mname" HeaderText="姓名" />
                <asp:BoundField DataField="mdate" DataFormatString="{0:D}" HeaderText="注册日期" />
                <asp:CommandField ShowDeleteButton="True" />
            </Columns>
        </asp:GridView>
    </div>
    </form>
</body>
</html>
```

Ex5-8.aspx.cs 文件中的 Page_Load 事件和 RowDeleting 事件代码如下：

```
protected void Page_Load(object sender, EventArgs e)
{
    string acon = System.Configuration.ConfigurationManager.AppSettings["strcon"].ToString();
    OleDbConnection oconn = new OleDbConnection(acon);
    OleDbDataAdapter oda = new OleDbDataAdapter("select * from members", oconn);
    DataSet ds = new DataSet();
    oda.Fill(ds);
    gdvuser.DataSource = ds;
    gdvuser.DataKeyNames = new string[] { "mid" };
    gdvuser.DataBind();
}
protected void gdvuser_RowDeleting(object sender, GridViewDeleteEventArgs e)
{
    Int32 delid = Convert.ToInt32(gdvuser.DataKeys[e.RowIndex].Value);
    string sql0 = "delete from members where mid=" + delid;
    string acon = System.Configuration.ConfigurationManager.AppSettings["strcon"].ToString();
    OleDbConnection oconn = new OleDbConnection(acon);
    oconn.Open();
    OleDbCommand ocmd = new OleDbCommand(sql0, oconn);
```

```
        ocmd.ExecuteNonQuery();
        oconn.Close();
        Response.Redirect("Ex5-8.aspx");
    }
```

5.5.2 GridView 删除确认提示

通过上节的例子，用户可以实现记录的删除，但从数据安全角度出发，为了有效防止用户误操作，在删除记录时，弹出确认删除提示更为合适。

【例 5-9】利用 GridView 控件“删除”记录行时，出现确认提示框。用户单击“确定”按钮后删除记录；单击“取消”按钮后取消删除操作，效果如图 5-14 所示（Ex5-9.aspx）。

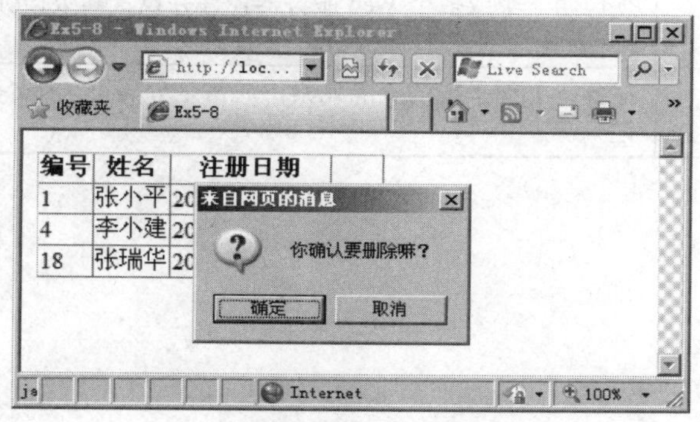

图 5-14　确认删除提示

本例可以直接在例 5-8 的基础上修改完成，打开 Ex5-8.aspx 文件。双击 GridView 控件的 RowDataBound 事件，进入事件代码编辑区。输入以下代码：

```
if (e.Row.RowType == DataControlRowType.DataRow)
{
  ((LinkButton)(e.Row.Cells[3].Controls[0])).Attributes.Add("onclick", "return confirm('你确认要删除嘛？ ')");
}
```

程序中，e.Row.Cells[3].Controls[0]表示当前数据绑定行中的第 4 个单元格里面的第 1 个元素，即 CommandField 类“删除”按钮。Button1.Attributes.Add()方法的作用是为 Button1 控件添加 JavaScript 类事件，本例中就是添加了 OnClick 事件。

5.5.3 Repeater 控件数据绑定

Repeater 控件是 Web 服务器控件中的一个容器类控件，它生成一系列单个项。在程序数据之前，使用模板定义页面上单个项的布局。页面运行时，该控件为数据源中的每个项重复相应布局。Repeater 控件没有内置的布局或样式，必须在此控件的模板内显式声明所有的布局、格式设置和样式标记等。与 GridView 控件相比，Repeater 控件具有更大的灵活性。

Repeater 控件可用模板类型如表 5-6 所示。

表 5-6　Repeater 控件模板及说明

模板类型	说明
AlternatingItemTemplate	与 ItemTemplate 元素类似，但在 Repeater 控件中隔行交替呈现。通过设置 AlternatingItemTemplate 元素的样式属性，可以为其指定不同的外观
FooterTemplate	脚注显示的模板，在所有数据呈现后呈现一次的元素。主要用于关闭在 HeaderTemplate 项中打开的元素
HeaderTemplate	标题显示的模板，在所有数据呈现之前呈现一次的元素。典型用途是开始一个容器元素
ItemTemplate	为数据源中的每一行呈现一次的元素。若要显示 ItemTemplate 中的数据，必须声明一个或多个 Web 服务器控件并设置其数据绑定表达式，以使其计算为 Repeater 控件的 DataSource 中的字段
SeparatorTemplate	在各行之间呈现的分隔元素，通常是分隔符（ 标记）、水平线（<hr> 标记）等

6

ASP.NET 内置对象

【学习目标】

通过本章知识的学习，读者在了解 ASP.NET 内置对象作用的同时，理解各内置对象之间的区别，掌握常用内置对象的使用方法。通过本章内容的学习，读者可以达到以下学习目的:

- 理解 ASP.NET 常用内置对象的作用和区别。
- 掌握 Response 对象的常用属性和方法。
- 掌握 Request 对象的常用属性和方法，以及利用该对象实现页面传值和调用对象的方法。
- 掌握 Session 对象在页面之间实现传值功能的方法。
- 了解 Application 对象及其使用方法。
- 了解 Cookie 对象及其使用方法。

6.1 情景分析

用户在使用网站过程中，时常会见到会员管理、网站浏览次数统计、当前网站在线用户人数、在线聊天室和网上投票等内容。在使用网站时，如何进行存储用户信息并实现跨页面传递呢？下面以在线聊天室为例进行详细分析。

网络上的聊天室相信大家并不陌生，用户首先通过聊天室登录，进入聊天室聊天。为了便于聊天室的管理，我们要对聊天室用户进行身份验证，即通过访问后台数据库中的用户表，验证用户名和用户密码是否一致。当信息一致时，用户完成验证，进入聊天室，同时利用 Session 对象保存用户信息。用户在登录时，如果勾选了“记录我的信息”复选框，则用户名会保存到客户端 Cookie 对象中。当用户再次登录时会自动输入，效果如图 6-1 所示。

在聊天室中，在线用户可以通过 Application 对象实现相互聊天，用户发表的内容会同步显示到页面上，效果如图 6-2 所示。

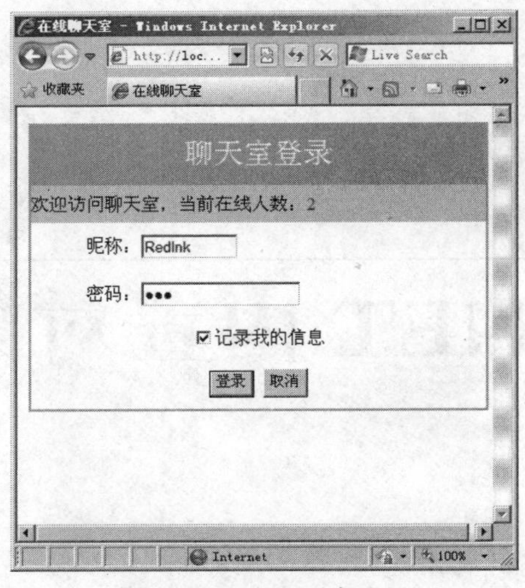

图 6-1 网上聊天室登录

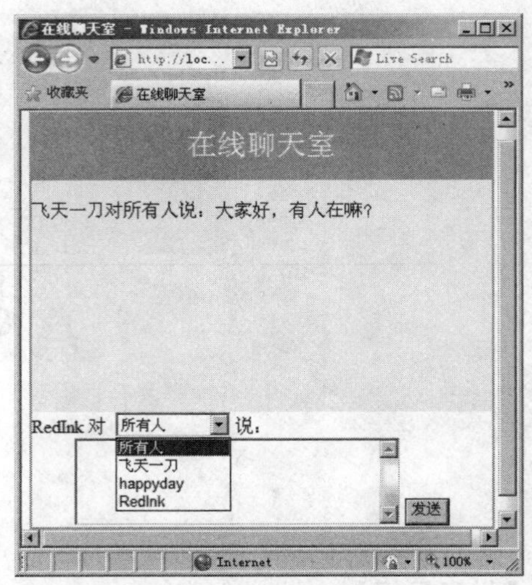

图 6-2 网上聊天室对话

6.2 ASP.NET 常用对象

ASP.NET 提供了多种内置对象，这些对象可以在页面上及页面之间方便地实现获取、输出、传递、保留各种信息等操作，以完成复杂功能。内置对象是对服务器控件很好的补充，进一步扩展了 ASP.NET 程序的功能。常用的内部对象有 Page、Response、Request、Session、Application 和 Cookie 等。

6.2.1 Page 对象

Page 对象由 System.Web.UI.Page 类实现，它主要用于处理 ASP.NET 页面的内容。Page 对象的常用属性和方法如表 6-1 所示。

表 6-1 Page 对象常用属性和方法

名称	说明
IsPostBack 属性	用于判断页面是否是第一次被加载。当页面是第一次加载时，IsPostBack 属性值为 False；否则值为 True
IsValid 属性	用于判断页面验证是否成功
Load 事件	页面加载时激活该事件
Unload 事件	页面从内存中卸载时激活该事件

IsPostBack 是 Page 对象最为重要的属性，它返回一个布尔类型的值（True/False），用于判断页面是第一次加载还是为响应客户端回发而加载。当页面第一次加载时，IsPostBack 属性的值为 True；反之为 False。每当单击 ASP.NET 页面上的 Button 控件时，表单（Form）就会被发送到服务器上。另外，如果某些控件（如 RadioButtonList、DropDownList 控件等）的 AutoPostBack 属性设置为 True，当这些控件的状态改变时，也会将表单发送到服务器（但如果 AutoPostBack 属性设置为 False，则改变控件状态时不会被发送到服务器）。

【例 6-1】设计动态添加候选项的页面。当页面初次加载时，“个人爱好”显示“游泳”、“唱歌”和“爬山”三个选项，下面的文本框里显示“请输入新的选项”。用户在文本框中输入选项内容，并单击“添加”按钮，可以实现选项的添加，效果如图 6-3 所示（Ex6-1.aspx）。

图 6-3　动态添加候选项

Ex6-1.aspx 文件代码如下：

```
<%@ Page Language="C#" AutoEventWireup="true" CodeFile="Ex6-1.aspx.cs" Inherits="Ex6_1" %>
<html xmlns="http://www.w3.org/1999/xhtml">
<head runat="server">
    <title>Ex6-1</title>
</head>
<body>
    <form id="form1" runat="server">
    <div>
        个人爱好：<asp:CheckBoxList ID="ckbtnllove" runat="server" RepeatDirection="Horizontal">
            <asp:ListItem>游泳</asp:ListItem>
            <asp:ListItem>唱歌</asp:ListItem>
            <asp:ListItem>爬山</asp:ListItem>
            <asp:ListItem>旅游</asp:ListItem>
        </asp:CheckBoxList>
        <asp:TextBox ID="txtadd" runat="server"></asp:TextBox>
        <asp:Button ID="btnadd" runat="server" Text="添加" />
    </div>
    </form>
</body>
</html>
```

Ex6-1.aspx.cs 文件中主要代码如下：

```
protected void Page_Load(object sender, EventArgs e)
{
  if (!IsPostBack)
    txtadd.Text = "请输入新的选项";
  else
    ckbtnllove.Items.Add(txtadd.Text);
}
```

程序说明：

- 本例中没有使用“添加”按钮的 Click 事件，只是利用了 Button 控件作为服务器控件，当单击它时，页面进行了重新加载。
- 页面的 Page_Load 事件中，利用 IsPostBack 属性判断页面是否是第一次加载，从而进行相应的操作。当为第一次加载时，即 if (!IsPostBack)条件成立，将文本框的 Text 属性设置为“请输入新的选项”；反之，将文本框的文本添加到 CheckButtonList 控件的项里。

6.2.2 Response 对象

Response 对象由 System.Web.HttpResponse 类实现，主要用于控制对浏览器的输出，它允许将数据作为请求的结果发送到浏览器中，并提供有关响应的信息。它可以用来在页面中输入数据、在页面中跳转，还可以传递各个页面的参数。Response 对象的常用属性和方法如表 6-2 所示。

表 6-2 Response 对象的常用属性和方法

名称	说明
Buffer 属性	设置是否缓冲输出，取值为 True 或 False，默认为 True
ContentType 属性	控制输出的文件类型
Cookies 属性	获取响应 Cookie 集合
Write 方法	Response 对象最常用的方法，用于输出信息到客户端
Redirect 方法	将客户端重定向到新的 URL
Clear 方法	清除缓冲区流中的所有内容输出
End 方法	将当前所有缓冲的输出发送到客户端，停止该页的执行，并引发 EndRequest 事件
AddHeader 方法	用指定的值添加 HTML 标题

【例 6-2】利用 DropDownList 控件的 SelectedIndexChanged 事件实现动态改变 LinkButton 控件的显示文本，并利用 Response 对象的 Redirect 方法实现页面地址重定向，效果如图 6-4 所示（Ex6-2.aspx）。

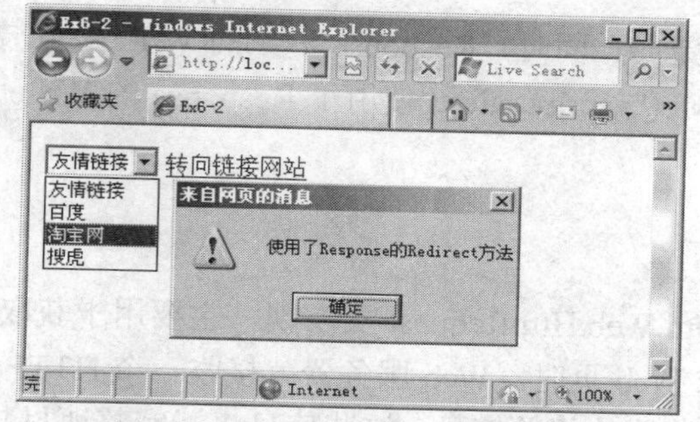

图 6-4　RadioButtonList 数据绑定

Ex6-2.aspx 文件代码如下：

```
<%@ Page Language="C#" AutoEventWireup="true" CodeFile="Ex6-2.aspx.cs" Inherits="Ex6_2" %>
<html xmlns="http://www.w3.org/1999/xhtml">
<head runat="server">
    <title>Ex6-2</title>
</head>
<body>
    <form id="form1" runat="server">
    <div>
        <asp:DropDownList ID="ddlfri" runat="server" AutoPostBack="True" onselectedindexchanged=
        "ddlfri_SelectedIndexChanged">
            <asp:ListItem Value="Ex6-2.aspx">友情链接</asp:ListItem>
            <asp:ListItem Value="http://baidu.com">百度</asp:ListItem>
            <asp:ListItem Value="http://taobao.com">淘宝网</asp:ListItem>
            <asp:ListItem Value="http://sohu.com">搜虎</asp:ListItem>
        </asp:DropDownList>
        <asp:LinkButton ID="lkbtnfri" runat="server" onclick="lkbtnfri_Click">转向链接网站</asp:LinkButton>
    </div>
    </form>
</body>
</html>
```

Ex6-2.aspx.cs 文件中主要代码如下：

```
protected void ddlfri_SelectedIndexChanged(object sender, EventArgs e)
{
  Response.Write("<script>alert('使用了 Response 的 Redirect 方法')</script>");
  lkbtnfri.Text = ddlfri.SelectedItem.Text;
}
protected void lkbtnfri_Click(object sender, EventArgs e)
{
  Response.Redirect(ddlfri.SelectedValue);
}
```

程序说明：

- 使用 DropDownList 控件的 SelectedIndexChanged 事件时，必须将控件的 AutoPostBack 属性设置为 True。
- 在代码中分别使用了 Response 对象的 Write 方法和 Redirect 方法，从而实现了页面输出和页面地址重定向。同时，Response 对象的 Write 方法支持 Javascript 脚本语句。如“Response.Write("<script>alert('使用了 Response 的 Write 方法')</script>");”实现了弹出提示窗口。

6.2.3 Request 对象

Request 对象由 System.Web.HttpRequest 类实现，主要用于获取客户端信息。当用户打开 Web 浏览器并从网站请求 Web 页时，Web 服务器就接收一个 HTTP 请求，此请求包含用户、用户的计算机、页面及浏览器的相关信息，这些信息将被完整地封装，并通过 Request 对象得以使用。Request 对象的常用属性和方法如表 6-3 所示。

表 6-3 Request 对象的常用属性和方法

属性名称	说明
Form 属性	获取客户端在 Web 表单中所输入的数据集合
QueryString 属性	获取 HTTP 查询字符串变量集合
Cookies 属性	获取客户端发送的 Cookie 集合
ServerVariables 属性	获取 Web 服务器变量的集合
Browser 属性	获取或设置有关正在请求的客户端浏览器的功能信息
MapPath 方法	获取当前请求的 URL 虚拟路径映射到服务器上的物理路径
SaveAs 方法	将 HTTP 请求保存到硬盘

1. ServerVariables 和 Browser 属性

Request 对象的 ServerVariables 属性和 Browser 属性分别用于获取服务器环境和客户端浏览器相关信息内容。它们的语法格式分别为 Request.ServerVariables["环境变量名称"]和 Request.Browser["浏览器属性名称"]。

ServerVariables 属性常见的环境变量说明如表 6-4 所示。

表 6-4 常用服务器环境变量说明

变量名称	说明
LOCAL_ADDR	服务器端的 IP 地址
HTTP_HOST	服务器的主机名称
AUTH_USER	客户认证的用户账号信息
AUTH_PASSWORD	客户认证信息的密码
REMOTE_ADDR	客户端的 IP 地址
REMOTE_HOST	客户端的主机名称
APPL_PHYSICAL_PATH	Web 应用程序的物理路径

Browser 常见的浏览器属性说明如表 6-5 所示。

表 6-5　常用服务器环境变量说明

属性名称	说明
Browser	客户端浏览器的名称
Version	客户端浏览器的完整版本号
Cookies	客户端浏览器是否支持 Cookies
Javascript	客户端浏览器是否支持 JavaScript
ActiveXControls	客户端浏览器是否支持 ActiveX
Frames	客户端浏览器是否支持 HTML 框架
BackgroundSounds	客户端浏览器是否支持背景声音

【例 6-3】利用 Request 对象的 ServerVariables 属性和 Browser 属性显示服务器和客户端的浏览器相关信息，效果如图 6-5 所示（Ex6-3.aspx）。

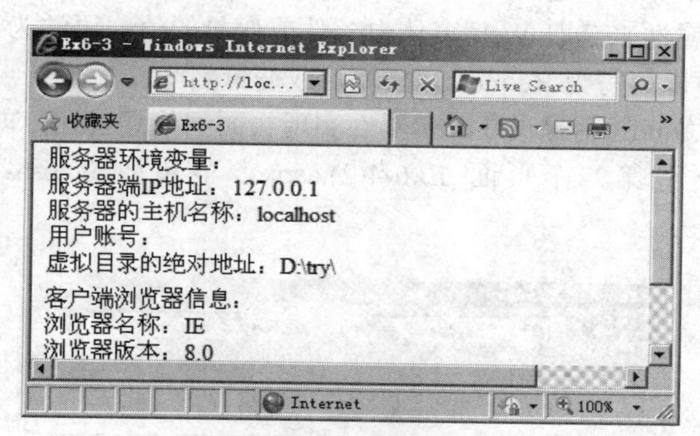

图 6-5　服务器和客户端信息

Ex6-3.aspx 文件代码如下：

```
<%@ Page Language="C#" AutoEventWireup="true" CodeFile="Ex6-3.aspx.cs" Inherits="Ex6_3" %>
<html xmlns="http://www.w3.org/1999/xhtml">
<head runat="server">
    <title>Ex6-3</title>
</head>
<body>
    <form id="form1" runat="server">
    <div>
        <asp:Label ID="lblserver" runat="server" Text="服务器环境变量：" Width="480px"></asp:Label>
        <br />
        <br />
        <asp:Label ID="lblBrow" runat="server" Text="客户端浏览器信息：" Width="480px"></asp:Label>
    </div>
    </form>
```

```
</body>
</html>
```

Ex6-3.aspx.cs 文件中主要代码如下：

```
protected void Page_Load(object sender, EventArgs e)
{
    lblserver.Text += "<br>服务器端 IP 地址：" + Request.ServerVariables["LOCAL_ADDR"];
    lblserver.Text += "<br>服务器的主机名称：" + Request.ServerVariables["HTTP_HOST"];
    lblserver.Text += "<br>用户账号：" + Request.ServerVariables["AUTH_USER"];
    lblserver.Text += "<br>虚拟目录的绝对地址：" + Request.ServerVariables["APPL_PHYSICAL_PATH"];

    lblBrow.Text += "<br>浏览器名称：" + Request.Browser["Browser"];
    lblBrow.Text += "<br>浏览器版本：" + Request.Browser["Version"];
    lblBrow.Text += "<br>是否支持 Cookies：" + Request.Browser["Cookies"];
}
```

2. Form 属性

利用 Request 对象的 Form 属性可以获取窗体中的变量，以实现信息的传递和处理。这里的表单是指 HTML 代码中<form>标记内的内容，<form>表单的 method 属性默认为 Post。当向.aspx 文件中添加控件时，大多数控件的 HTML 代码都会显示在表单中。此时就可以利用 Request 对象的 Form 属性来获取 Web 窗体中控件或变量的值。语法为 Request.Form["控件名或变量名"]，语法也可以简写为 Request ["控件名或变量名"]。

【例 6-4】利用 Request 对象的 Form 属性实现页面间信息传递，即将页面 Ex6-4.aspx 中的用户名和密码传送到第二个页面 Ex6-4(2).aspx，效果如图 6-6 所示（Ex6-4.aspx 和 Ex6-4(2).aspx）。

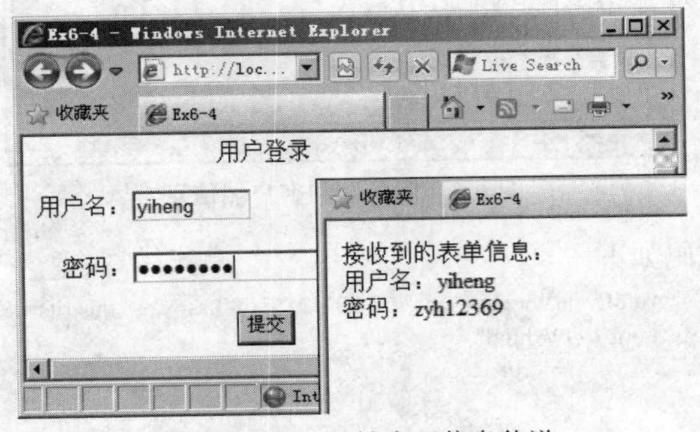

图 6-6 Form 属性实现信息传递

Ex6-4.aspx 文件代码如下：

```
<%@ Page Language="C#" AutoEventWireup="true" CodeFile="Ex6-4.aspx.cs" Inherits="Ex6_4" %>
<html xmlns="http://www.w3.org/1999/xhtml">
<head runat="server">
    <title>Ex6-4</title>
</head>
<body>
```

```
        <form id="form1" runat="server">
        <div>
            <table align="center" cellpadding="0" cellspacing="0" style="width: 460px; height: 160px;">
                <tr>
                    <td align="center" colspan="2">
                        用户登录</td>
                </tr>
                <tr>
                    <td align="right">
                        用户名：</td>
                    <td align="left">
                        <asp:TextBox ID="txtname" runat="server" Width="80px"></asp:TextBox>
                    </td>
                </tr>
                <tr>
                    <td align="right">
                        密码：</td>
                    <td align="left">
                        <asp:TextBox ID="txtpwd" runat="server" TextMode="Password"></asp:TextBox>
                    </td>
                </tr>
                <tr>
                  <td align="center" colspan="2">
                        <asp:Button ID="btnsend" runat="server" Text="提交" PostBackUrl="~/Ex6-4(2).aspx" />
                  </td>
                </tr>
            </table>
        </div>
        </form>
    </body>
    </html>
```

Ex6-4(2).aspx 文件中主要代码如下：

```
<%@ Page Language="C#" AutoEventWireup="true" CodeFile="Ex6-4(2).aspx.cs" Inherits="Ex6_4_2_" %>
<html xmlns="http://www.w3.org/1999/xhtml">
<head runat="server">
    <title>Ex6-4</title>
</head>
<body>
    <form id="form1" runat="server">
    <div>
        <asp:Label ID="lblmes" runat="server" Text="接收到的表单信息："></asp:Label>
    </div>
    </form>
</body>
</html>
```

Ex6-4(2).aspx.cs 文件中主要代码如下：

```
protected void Page_Load(object sender, EventArgs e)
{
  lblmes.Text +="<br>用户名："+ Request.Form["txtname"].ToString();
```

```
    lblmes.Text += "<br>密码：" + Request.Form["txtpwd"].ToString();
}
```

程序说明：

- Button 控件的 PostBackUrl 属性是用于设置单击控件时所发送的 URL，即页面地址重定向。
- 在 Ex6-4(2).aspx.cs 文件中，使用 Request.Form["txtname"]来获取第一个页面传递过来的 txtname 控件的值，也可以简写成 Request ["txtname"]。

3. QueryString 属性

上例使用了 Request 对象的 Form 属性传递用户信息，属于页面间参数传递的隐式传递，即 post 方法。此外，还可以使用 get 方法显式传递参数。

使用 get 方法时，需要使用 QueryString 属性来获取标识在 URL 后面的所有返回的变量及值，使用方法为 Request.QueryString["变量名称"]。例如，当客户端 URL 发出"http://news.aspx?nid=12&nkey=公司"请求时，利用 QueryString 属性就会获取 nid 和 nkey 两个变量的值。

【例 6-5】利用 Request 对象的 QueryString 属性实现页面间信息传递。单击页面 Ex6-5.aspx 中的超链接，将页面转到 Ex6-5(2).aspx，并获取 Ex6-5.aspx 显式传递过来的两个变量的值，效果如图 6-7 所示（Ex6-5.aspx 和 Ex6-5(2).aspx）。

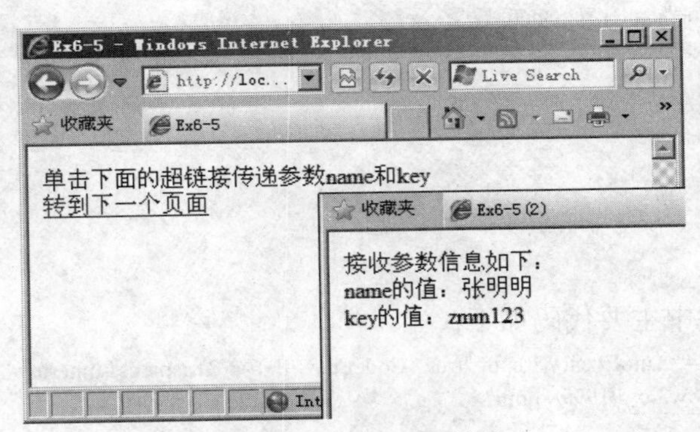

图 6-7 QueryString 属性传参

Ex6-5.aspx 文件代码如下：

```
<%@ Page Language="C#" AutoEventWireup="true" CodeFile="Ex6-5.aspx.cs" Inherits="Ex6_5" %>
<html xmlns="http://www.w3.org/1999/xhtml">
<head runat="server">
    <title>Ex6-5</title>
</head>
<body>
    <form id="form1" runat="server">
    <div>
        单击下面的超链接传递参数 name 和 key<br />
    <a href="Ex6-5(2).aspx?name=张明明&key=zmm123">转到下一个页面</a>
    </div>
```

```
        </form>
    </body>
</html>
```

Ex6-5(2).aspx 文件中主要代码如下：

```
<%@ Page Language="C#" AutoEventWireup="true" CodeFile="Ex6-5(2).aspx.cs" Inherits="Ex6_5_2_" %>
<html xmlns="http://www.w3.org/1999/xhtml">
<head runat="server">
    <title>Ex6-5(2)</title>
</head>
<body>
    <form id="form1" runat="server">
    <div>
        接收参数信息如下：<br />
        name 的值：<asp:Label ID="lblname" runat="server" Text=""></asp:Label>
        <br />
        key 的值：<asp:Label ID="lblkey" runat="server" Text=""></asp:Label>
    </div>
    </form>
</body>
</html>
```

Ex6-5(2).aspx.cs 文件中的 Page_Load 代码如下：

```
protected void Page_Load(object sender, EventArgs e)
{
    lblname.Text = Request.QueryString["name"];
    lblkey.Text = Request.QueryString["key"];
}
```

6.2.4 Session 对象

Session 对象由 System.Web.SessionState 类实现，主要用于记载特定用户信息。用户对页面进行访问时，ASP.NET 应用程序会为每一个用户分配一个 Session 对象，即不同用户拥有各自不同的 Session 对象。由于 Session 对象可以在网站的任意一个页面进行访问，所以常用于存储需要跨页面使用的信息。Session 对象的常用属性和方法如表 6-6 所示。

表 6-6　Session 对象的属性和方法

名称	说明
SessionID 属性	获取会话唯一标识符，存储用户的 SessionID
Timeout 属性	获取并设置在会话状态提供程序终止会话之前各请求之间所允许的时间（以分钟为单位），默认为 20 分钟
Abandon 方法	取消当前会话，清除 Session 对象

【例 6-6】利用 Session 对象实现网站后台登录的身份验证。在第一个页面中，用户输入用户名和密码，单击“后台管理”按钮后，将用户名和密码信息保存至 Session 对象中。在第

二个页面中，先利用 Session["user"]来判断用户是否已登录，若登录，则出现“用户注销”按钮；否则出现无权访问的提示。同时，单击“用户注销”按钮实现 Session 对象信息清除，效果如图 6-8 所示（Ex6-6.aspx 和 Ex6-6(2).aspx）。

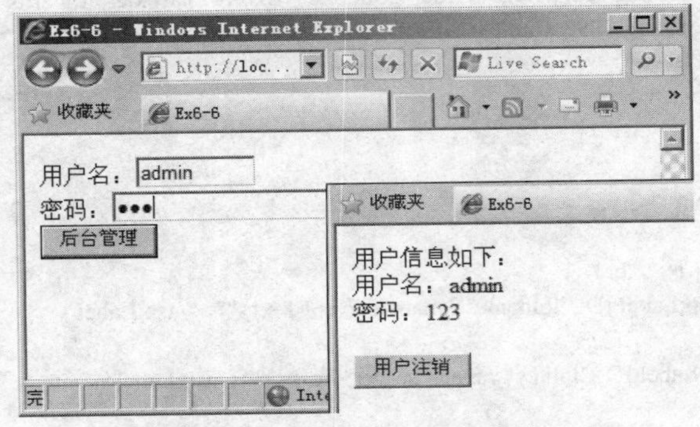

图 6-8　Session 对象存储信息

Ex6-6.aspx 文件代码如下：

```
<%@ Page Language="C#" AutoEventWireup="true" CodeFile="Ex6-6.aspx.cs" Inherits="Ex6_6" %>
<html xmlns="http://www.w3.org/1999/xhtml">
<head runat="server">
    <title>Ex6-6</title>
</head>
<body>
    <form id="form1" runat="server">
    <div>
        用户名：<asp:TextBox ID="txtname" runat="server" Width="80px"></asp:TextBox>
        <br />
        密码：<asp:TextBox ID="txtpwd" runat="server" TextMode="Password"></asp:TextBox>
        <br />
        <asp:Button ID="Button1" runat="server" Text="后台管理" onclick="Button1_Click"/>
    </div>
    </form>
</body>
</html>
```

Ex6-6.aspx.cs 文件中“后台管理”按钮的 Click 代码如下：

```
protected void Button1_Click(object sender, EventArgs e)
{
    Session["user"] = txtname.Text;
    Session["pwd"] = txtpwd.Text;
    Response.Redirect("Ex6-6(2).aspx");
}
```

Ex6-6(2).aspx 文件中主要代码如下：

```
<%@ Page Language="C#" AutoEventWireup="true" CodeFile="Ex6-6(2).aspx.cs" Inherits="Ex6_6_2_" %>
<html xmlns="http://www.w3.org/1999/xhtml">
<head runat="server">
    <title>Ex6-6</title>
```

```
</head>
<body>
    <form id="form1" runat="server">
    <div>
        <asp:Label ID="lblmes" runat="server" Text="Label"></asp:Label>
        <br />
        <asp:HyperLink ID="hplback" runat="server" NavigateUrl="~/Ex6-6.aspx"
            Visible="False">返回上一页</asp:HyperLink>
        <br />
        <asp:Button ID="btnquit" runat="server" onclick="btnquit_Click" Text="用户注销"
            Visible="False" />
    </div>
    </form>
</body>
</html>
```

Ex6-6(2).aspx.cs 文件中主要代码如下：

```
protected void Page_Load(object sender, EventArgs e)
{
    if (Session["user"] != null && Session["user"].ToString() != "")
    {
        lblmes.Text = "用户信息如下：<br>用户名：" + Session["user"].ToString() + "<br>密码：" +
        Session["pwd"].ToString();
        btnquit.Visible = true;
        Session.Timeout = 10;
    }
    else
    {
        lblmes.Text = "你无权进入后台管理！6 秒后自动返回上页。<br>或单击下面的链接。";
        hplback.Visible = true;
        Response.Write("<script>setTimeout('window.history.back()', 6000)</script>");
    }
}
protected void btnquit_Click(object sender, EventArgs e)
{
    Session.Abandon();
    Response.Redirect("Ex6-6(2).aspx");
}
```

程序说明：

- 代码“Session["user"] = txtname.Text”的作用是将 txtname 控件的 Text 属性值赋给 Session["user"]对象，从而实现网站多个页面使用。
- 使用“if (Session["user"] != null && Session["user"].ToString() != "")”判断 Session ["user"]对象中是否有值，从而判断用户是否登录。由于 Session 对象中存放的是 Object 类型的数据，所以在与字符串进行比较时，必须使用 ToString()方法进行数据类型转换。
- 代码“Response.Write("<script>setTimeout('window.history.back()', 6000)</script>");”是运用了 JavaScript 脚本实现在规定的时间内自动回退，时间单位为毫秒。

- “用户注销”按钮的 Click 事件采用 Session.Abandon()命令清除 Session 对象信息，从而实现用户注销。同时，Session.Timeout 属性用于设置 Session 的生命周期，单位为分钟。

提示：由于 Session 对象存在于服务器内存中，占用了一定的服务器资源，所以用户在进行 Session 生命周期设置时，不应设置时间过长。同时，系统默认 Session 对象的生命周期为 20 分钟，即表示超过 20 分钟后，Session 对象会自动从服务器内存中清除。

6.2.5 Application 对象

Application 对象由 System.Web.HttpApplication 类实现，主要用于存储网站的共享信息。与 Session 对象存储信息的方式类似，Application 对象也是将用户信息存储在服务器中。两者的不同在于：

（1）Application 对象是一个公用变量，允许应用程序的所有用户使用；而 Session 对象只允许某个特定的用户使用。

（2）Application 对象的生命周期止于网站 IIS 关闭或者 Clear()方法清除；而 Session 对象的生命周期止于用户页面的关闭或者 Abandon()方法清除。

由于多个用户可以共享一个 Application 对象，为了保证用户在修改 Application 对象值时的资源同步访问，需要使用 Application 对象的 Lock 和 Unlock 方法进行对象的加锁和解锁。即在对 Application 对象进行修改前，将 Application 对象进行加锁，到修改完成后，再把对象的锁打开。从而确保多个用户不能同时改变对象的值。

【例 6-7】使用 Application 对象实现网站访问数量统计，效果如图 6-9 所示（Ex6-7.aspx）。

图 6-9 Application 对象

Ex6-7.aspx 文件代码如下：

```
<%@ Page Language="C#" AutoEventWireup="true" CodeFile="Ex6-7.aspx.cs" Inherits="Ex6_7" %>
<html xmlns="http://www.w3.org/1999/xhtml">
<head runat="server">
    <title>Ex6-7</title>
</head>
```

```
<body>
    <form id="form1" runat="server">
    <div>
        你是本站的第<asp:Label ID="lblnum" runat="server" ForeColor="Red"></asp:Label>
        位访客！
    </div>
    </form>
</body>
</html>
```

Ex6-7.aspx.cs 文件中的 Page_Load 事件代码如下：

```
protected void Page_Load(object sender, EventArgs e)
{
    if (Application["usernum"] == null)
    {
        Application["usernum"] = 1;
    }
    else
    {
        Application.Lock();
        Application["usernum"] = (Int32)Application["usernum"] + 1;
        Application.UnLock();
    }
    lblnum.Text = Application["usernum"].ToString();
}
```

程序说明：

- 程序首先使用 if (Application["usernum"] == null)来判断 Application 对象是否已经存在。如果不存在，则 Application 对象值为空。
- 程序在对 Application 对象进行修改时，即访问量增加时，先使用了 Application 对象的 Lock()方法，把 Application 对象进行加锁，修改完成后再使用 UnLock()方法解锁。利用这种加锁机制解决了多用户同时修改 Application 对象的问题。
- 程序中的(Int32)Application["usernum"]是强制数量类型转换的一种方法，作用等同于 Convert.ToInt32(Application["usernum"])，即把 Application 对象的值转换成 Int32 位整数。

6.2.6 Cookie 对象

Cookie 对象由 System.Web.HttpCookie 类实现，主要用于客户端存储用户个人信息。Cookie 对象与 Session、Application 对象类似，是一种集合对象，都是用于保存数据。不同之处在于，Cookie 对象将用户信息保存在客户端，而 Session 和 Application 则是保存在服务器端。

Cookie 对象不隶属于 Page 对象，所以用法与 Session 和 Application 对象不同。Cookie 对象分别属于 Request 和 Response 对象，每一个 Cookie 变量都由 Cookies 对象管理。要保存一个 Cookie 变量，需要通过 Response 对象的 Cookies 集合，具体语法为：

```
Response.Cookies["变量名"].Value = 值;
```

读取 Cookie 对象时，需要使用 Request 对象，具体语法为：

```
变量 =Request.Cookies["变量名"].Value;
```

Cookie 对象常用的属性和方法说明如表 6-7 所示。

表 6-7　Cookie 对象常用属性和方法

名称	说　明
Name 属性	获取 Cookie 变量的名称
Value 属性	获取或设置 Cookie 对象的值
Count 属性	获取 Cookies 集合中的 Cookie 对象的数量
Expires 属性	设置 Cookie 对象的生命周期，默认为 1000 分钟；当值不大于 0 时，生命周期结束
Add 方法	创建新对象并将其添加到 Cookies 集合中

【例 6-8】使用 Cookie 对象实现用户登录信息自动填充。当用户第二次使用该网站时，用户名信息会自动输入，从而方便用户。用户单击“清除 Cookie”按钮时，实现 Cookie 对象中的用户信息清除，效果如图 6-10 所示（Ex6-8.aspx）。

图 6-10　Cookie 对象

Ex6-8.aspx 文件代码如下：

```
<html xmlns="http://www.w3.org/1999/xhtml">
<head runat="server">
    <title>Ex6-8</title>
</head>
<body>
    <form id="form1" runat="server">
    <div>
        用户名：<asp:TextBox ID="txtname" runat="server" Width="88px"></asp:TextBox>
        <br />
        密码：<asp:TextBox ID="txtpwd" runat="server" TextMode="Password"></asp:TextBox>
        <br />
        <asp:Button ID="btnsave" runat="server" Text="写入 Cookies" onclick="btnsave_Click" />
        <asp:Button ID="btnclear" runat="server" onclick="btnclear_Click" Text="清除 Cookie" />
```

```
        </div>
        </form>
</body>
</html>
```

Ex6-8.aspx.cs 文件中主要代码如下：

```
protected void Page_Load(object sender, EventArgs e)
{
    if (Request.Cookies["mycookie"]!=null)
    {
        txtname.Text = Request.Cookies["mycookie"].Value;
    }
}
protected void btnsave_Click(object sender, EventArgs e)
{
    Response.Cookies["mycookie"].Value = txtname.Text;
    Response.Cookies["mycookie"].Expires = DateTime.Now.AddDays(30);
}
protected void btnclear_Click(object sender, EventArgs e)
{
    HttpCookie acookie;
    string ckname;
    int cknum = Request.Cookies.Count;
    for (int i = 0; i < cknum; i++)
    {
        ckname = Request.Cookies[i].Name;
        acookie = new HttpCookie(ckname);
        acookie.Expires = DateTime.Now.AddDays(-1);
        Response.Cookies.Add(acookie);
    }
    Response.AddHeader("Refresh", "0");
}
```

程序说明：

- “写入 Cookie”按钮 Click 事件中，使用 Response.Cookies["变量名"].Value 保存用户名信息，并用 Response.Cookies["变量名"].Expires 设置 Cookie 对象的生命周期为 30 天。
- 在页面的 Page_Load 事件中，先通过判断 Request.Cookies["mycookie"]对象是否为空来判断是否存在用户相关的 Cookie 信息。如果存在，则利用 Request.Cookies["变量名"].Value 方法获取 Cookie 信息。
- 在“清除 Cookie”按钮 Click 事件中，使用 Request.Cookies.Count 获取该网站 Cookie 对象的个数。由于 Cookie 对象是与 Web 站点相关联的，而非与具体页面关联，所以无论用户访问网站中的哪一个页面，浏览器都可以使用 Cookie 对象。
- 由于 Cookie 对象是保存在用户的计算机硬盘中，通过浏览器直接删除不易操作。本例中采用了设置 Cookie 对象生命周期早于当前日期的方法。浏览器检查 Cookie 对象的生命周期到期后，会自动删除过期 Cookie 对象，从而达到清除 Cookie 信息的目的。

- Response 对象的 AddHeader 方法用于将指定值添加到 HTML 标题，常用于页面刷新和页面重定向。格式为 Response.AddHeader("Refresh", "时间[;URL=重定向地址]")。当刷新页面时，“[;URL=重定向地址]”可以不写。

6.3 在线聊天室

相信许多人对聊天室并不陌生，它是网站实现用户互动的主要手段之一。本节通过运用 Session、Application 和 Cookie 等 ASP.NET 对象知识，实现在线聊天室的开发。

6.3.1 前期准备工作

由于在线聊天室的开发涉及数据库存储用户信息、数据库连接以及网站 Application、Session 对象的全局管理等操作，所以需要完成以下前期准备工作。

具体操作步骤如下：

1. 数据库表设计

（1）启动 Access 数据库，新建数据库并命名为 mychat.mdb。

（2）通过“新建表”命令创建用户信息表 chatmem。表中字段有用户编号 mid（自动编号）、昵称 mname（文本，10 个字符长度）、密码 mpwd（文本，8 个字符长度）。其中，mid 为主关键字。

（3）输入部分用户信息，如“happyday、222”、“redink、111”等。

（4）检查网站的“解决方案资源管理器”窗口是否存在 App_Data 系统文件夹。如果不存在，用户可以通过右击项目，选择快捷菜单中的“添加 ASP.NET 文件夹(s)”→“App_Data”命令创建。

（5）将建好的数据库文件 mychat.mdb 移动到 App_Data 系统文件夹中。

2. Web 配置文件 Web.config

（1）检查网站的“解决方案资源管理器”窗口是否存在 Web 配置文件 Web.config。如果不存在，用户可以通过右击项目，选择快捷菜单中的“添加新项”命令。在“添加新项”窗口中选择“Web 配置文件”模板，并将文件命名为 Web.config，单击“添加”按钮。

（2）在“解决方案资源管理器”窗口中双击打开 Web.config，找到<appSettings/>节。把<appSettings/>修改为：

```
<appSettings>
    <add key="strcon" value="Provider=Microsoft.Jet.OLEDB.4.0;Data Source=|DataDirectory|mychat.mdb"/>
</appSettings>
```

提示：此后，页面可以通过 System.Configuration.ConfigurationManager.AppSettings["strcon"].ToString()读取数据库连接信息。例如：

```
OleDbConnection conn = new OleDbConnection(System.Configuration.Configuration Manager.AppSettings["strcon"].
ToString());
```

3. 设置全局应用程序类 Global.asax

（1）在“解决方案资源管理器”窗口中右击项目，选择快捷菜单中的“添加新项”命令。在“添加新项”窗口中选择“全局应用程序类”模板，并将文件命名为 Global.asax，单击“添加”按钮。

（2）在“解决方案资源管理器”窗口中双击打开 Global.asax，在 Application_Start 事件中输入以下代码：

```
void Application_Start(object sender, EventArgs e)
{
    Application["mcount"] = 0;
    Application["chatcon"] = "";
    Application["userlist"] = "所有人";
    Application.UnLock();
}
```

Application_Start 事件在首次创建新的会话时被触发。代码中，Application["mcount"]、Application["chatcon"]和 Application["userlist"]对象分别用于存储当前在线用户量、聊天内容和在线用户昵称，并用 Application.UnLock()将 Application 对象解锁。

（3）在 Session_Start 事件中输入以下代码：

```
void Session_Start(object sender, EventArgs e)
{
    Application.Lock();
    Application["mcount"] = Convert.ToInt32(Application["mcount"].ToString()) + 1;
    Application.UnLock();
}
```

Session_Start 事件在一个新用户访问应用程序 Web 站点时被触发。代码中，先使用 Application.Lock()将 Application 对象进行加锁，然后对 Application["mcount"]数据增加 1，修改完成后使用 Application.UnLock()将对象解锁。加锁机制可以有效地解决多用户同步操作变量而出现的数据异常问题。

（4）在 Session_End 事件中输入以下代码：

```
void Session_End(object sender, EventArgs e)
{
    Application.Lock();
    Application["mcount"] = Convert.ToInt32(Application["mcount"].ToString()) - 1;
    Application.UnLock();
}
```

Session_End 事件在一个用户的会话超时、结束或用户离开应用程序 Web 站点时被触发。

6.3.2 用户登录实现

（1）在“解决方案资源管理器”窗口中右击项目，选择快捷菜单中的“添加新项”命令添加一个 Web 窗体，命名为 chatlogin.aspx。

（2）在页面中添加一个 6 行 2 列的表格，将表格中的第 1、2、5 和 6 行单元格进行合并。

在第 1 行单元格中输入“聊天室登录”，并设置单元格格式。

（3）在第 2 行单元格中输入“欢迎访问聊天室，当前在线人数：”，并在文本后添加 1 个 Label 控件，设置 ID 属性为“lblnum”。

（4）在第 3 行左侧单元格中输入“昵称：”；右侧单元格中添加 TextBox 控件，设置 ID 属性为“txtname”；在右侧添加 RequiredFieldValidator 验证控件，设置 ID 属性为“rqcname”，ControlToValidate 属性为“txtname”，ErrorMessage 属性为“用户名必须输入”。

（5）在第 4 行左侧单元格中输入“密码：”；右侧单元格中添加 TextBox 控件，设置 ID 属性为“txtpwd”，TextMode 属性为“Password”；在右侧添加 RequiredFieldValidator 验证控件，设置 ID 属性为“rqcpwd”，ControlToValidate 属性为“txtpwd”，ErrorMessage 属性为“密码必须输入”。

（6）在第 5 行单元格中添加 1 个 RequiredFieldValidator 复选框控件，设置 ID 属性为“ckbrem”，Text 属性为“记录我的信息”。

（7）在第 6 行单元格中添加两个 Button 控件。第 1 个 Button 控件的 ID 属性为“btnlogin”，Text 属性为“登录”；第 2 个 Button 控件的 ID 属性为“btncancel”，Text 属性为“取消”。

（8）双击“登录”控件，输入 btnlogin_Click 单击事件，代码如下：

```
protected void btnlogin_Click(object sender, EventArgs e)
{
    string uname = txtname.Text.Trim();
    string upwd = txtpwd.Text.Trim();
    string strcon = System.Configuration.ConfigurationManager.AppSettings["strcon"].ToString();
    OleDbConnection conn = new OleDbConnection(strcon);
    string sql0 = "select count(*) from chatmem where mname='"+uname.ToLower()+"' and mpwd='"+upwd.ToLower()+"'";
    conn.Open();
    OleDbCommand ocmd = new OleDbCommand(sql0, conn);
    if (Convert.ToInt32(ocmd.ExecuteScalar()) > 0)
    {
        //判断用户是否选择“记住我的信息”复选项
        if (ckbrem.Checked)
        {
            //保存用户 Cookie 信息
            Response.Cookies["ckname"].Value = uname;
            Response.Cookies["ckname"].Expires = DateTime.Now.AddDays(15);
        }
        //保存用户名 Session 信息
        Session["uname"] = uname;
        Application["userlist"] += "," + uname;
        Response.Redirect("chatmain.aspx");
    }
    else
    {
        Response.Write("<script>alert('用户信息不正确！');</script>");
    }
}
```

代码在定义变量 sql0 时使用了“变量.ToLower()”的方法，将变量值转化为小写字母，这样可以实现不区分大小写的目的。

程序在完成用户信息判断之后，将用户信息分别保存到 Cookie、Session 和 Application 对象中。在这里，Cookie 对象用于记住用户信息，方便再次使用；Session 对象用于保存用户昵称，用于会话过程中的用户身份验证；Application 对象用于保存当前在线用户信息。

同时，由于页面要对 Access 数据库进行访问，所以需要添加相应的数据库引用，即 using System.Data.OleDb。

（9）双击“取消”按钮，输入 btncancel_Click 单击事件，代码如下：

```
protected void btncancel_Click(object sender, EventArgs e)
{
    Response.AddHeader("Refresh", "0");
}
```

（10）双击页面空白处，打开并输入以下代码：

```
protected void Page_Load(object sender, EventArgs e)
{
    lblnum.Text = Application["mcount"].ToString();
    if (!IsPostBack)
    {
        if (Request.Cookies["ckname"] != null)
        {
            txtname.Text = Request.Cookies["ckname"].Value;
        }
    }
}
```

（11）完成上述操作后保存文件，按 F5 键运行，效果如图 6-1 所示。

chatlogin.aspx 文件代码如下：

```
<%@ Page Language="C#" AutoEventWireup="true" CodeFile="chatlogin.aspx.cs" Inherits="chatlogin" %>
<html xmlns="http://www.w3.org/1999/xhtml">
<head runat="server">
    <title>在线聊天室</title>
</head>
<body>
    <form id="form1" runat="server">
    <div align="center">
        <table cellpadding="0" cellspacing="0"
            style="border: 2px double #FF9900; width: 400px; height: 260px;">
            <tr>
                <td align="center" colspan="2" style="background-color: #FF9900; color: #FFFFFF;
                 font-size: 26px">
                聊天室登录</td>
            </tr>
            <tr>
                <td align="left" colspan="2" style="background-color: #CCCCCC">
                    欢迎访问聊天室，当前在线人数：
                <asp:Label ID="lblnum" runat="server" ForeColor="Red"></asp:Label>
```

```
                    </td>
                </tr>
                <tr>
                    <td align="right">
                        昵称：</td>
                    <td align="left">
                        <asp:TextBox ID="txtname" runat="server" Width="84px"></asp:TextBox>
                        <asp:RequiredFieldValidator ID="rqcname" runat="server" ControlToValidate
                        ="txtname" ErrorMessage="用户名必须输入">*</asp:RequiredFieldValidator>
                    </td>
                </tr>
                <tr>
                    <td align="right">
                        密码：</td>
                    <td align="left">
                        <asp:TextBox ID="txtpwd" runat="server" TextMode="Password"></asp:TextBox>
                        <asp:RequiredFieldValidator ID="rqcpwd" runat="server" ControlToValidate
                        ="txtpwd" ErrorMessage="密码必须输入">*</asp:RequiredFieldValidator>
                    </td>
                </tr>
                <tr>
                    <td align="center" colspan="2">
                        <asp:CheckBox ID="ckbrem" runat="server" Text="记录我的信息" />
                    </td>
                </tr>
                <tr>
                    <td align="center" colspan="2">
                        <asp:Button ID="btnlogin" runat="server" Text="登录" onclick="btnlogin_Click" />
                        <asp:Button ID="btncancel" runat="server" Text="取消" onclick="btncancel_Click"
                        style="height: 26px" />
                    </td>
                </tr>
            </table>
        </div>
    </form>
</body>
</html>
```


chatlogin.aspx.cs 文件主要代码如下：

```
protected void Page_Load(object sender, EventArgs e)
{
    //页面加载事件
    lblnum.Text = Application["mcount"].ToString();
    if (!IsPostBack)
    {
        if (Request.Cookies["ckname"] != null)
        {
            txtname.Text = Request.Cookies["ckname"].Value;
        }
    }
```

```
}
protected void btnlogin_Click(object sender, EventArgs e)
{
    //用户登录单击事件
    string uname = txtname.Text.Trim();
    string upwd = txtpwd.Text.Trim();
    string strcon = System.Configuration.ConfigurationManager.AppSettings["strcon"].ToString();
    OleDbConnection conn = new OleDbConnection(strcon);
    string sql0 = "select count(*) from chatmem where mname='"+uname.ToLower()+"' and mpwd='"+upwd.ToLower()+"'";
    conn.Open();
    OleDbCommand ocmd = new OleDbCommand(sql0, conn);
    if (Convert.ToInt32(ocmd.ExecuteScalar()) > 0)
    {
        //判断用户是否选择“记住我的信息”复选项
        if (ckbrem.Checked)
        {
            //保存用户 Cookie 信息
            Response.Cookies["ckname"].Value = uname;
            Response.Cookies["ckname"].Expires = DateTime.Now.AddDays(15);
        }
        //保存用户名 Session 信息
        Session["uname"] = uname;
        Application["userlist"] += "," + uname;
        Response.Redirect("chatmain.aspx");
    }
    else
    {
        Response.Write("<script>alert('用户信息不正确！');</script>");
    }
}
protected void btncancel_Click(object sender, EventArgs e)
{
    //取消单击事件
    Response.AddHeader("Refresh", "0");
}
```

6.3.3 在线聊天室实现

（1）在“解决方案资源管理器”窗口中右击项目，选择快捷菜单中的“添加新项”命令，添加一个 Web 窗体，命名为 chatmain.aspx。

（2）在页面中添加一个 4 行 1 列的表格。在第 1 个单元格中输入“在线聊天室”，并设置单元格格式。

（3）在第 2 个单元格中添加 1 个 Label 控件，设置其 ID 属性为“lblchat”，宽度和表格宽度一致，并设置背景色等格式，用于显示聊天内容。

（4）在第 3 个单元格中添加 1 个 Label 控件，设置其 ID 属性为“lblname，用于显示当前用户昵称信息，对应 Session["uname"]对象。再添加 1 个 DropDownList 控件，设置其 ID 属性为“ddluser”，用于显示当前在线用户昵称信息，对应 Application["userlist"]对象。

（5）在第 4 个单元格中添加 1 个 TextBox 控件，设置其 ID 属性为“txtme”，TextMode 属性为“MultiLine”，并设置控件宽度和高度等属性，用于输入聊天内容。

（6）在 txtme 控件右侧添加一个 Button 控件，设置其 ID 属性为“btnsend”，Text 属性为“发送”。

（7）双击页面空白处，打开后台代码文件 chatmain.aspx.cs。输入以下 Page_Load 事件代码：

```
protected void Page_Load(object sender, EventArgs e)
{
    //判断页面是否为第 1 次加载
    if (!IsPostBack)
    {
        //判断用户是否登录
        if (Session["uname"] != null)
        {
            lblname.Text = Session["uname"].ToString() + " 对";
            //用于显示当前在线用户昵称信息
            string[] userlist = Application["userlist"].ToString().Split(',');
            for (int i = 0; i < userlist.Length; i++)
            {
                ddluser.Items.Add(userlist[i]);
            }
            //显示聊天内容
            lblchat.Text = Application["chatcon"].ToString();
        }
        else
        {
            Response.Redirect("chatlogin.aspx");
        }
    }
}
```

代码中，根据 Session["uname"]对象是否为空判断用户是否登录，这与用户登录页面相对应。Application["userlist"].ToString().Split(',')是将 Application 对象中字符串按“，”进行截取，并保存到字符串数组中，用于当前在线用户的显示。

（8）双击页面中的“发送”按钮 btnsend，添加以下 btnsend_Click 事件代码：

```
protected void btnsend_Click(object sender, EventArgs e)
{
    string user = Session["uname"].ToString();
    string touser = ddluser.SelectedValue;
    //采用加锁机制，更新 Application 对象内容
    Application.Lock();
    Application["chatcon"] += "<br>" + user + "对" + touser + "说：" + txtme.Text;
    Application.UnLock();
    lblchat.Text = Application["chatcon"].ToString();
}
```

（9）保存文件，完成在线聊天室，最终程序运行效果如图 6-2 所示。

6.4　知识拓展

6.4.1　Server 对象

Server 对象由 System.Web.HttpServerUtility 类实现，定义了与 Web 服务器相关的类，用于提供服务器端的信息和控制方法。Server 对象常用属性和方法说明如表 6-8 所示。

表 6-8　Server 对象常用属性和方法

名称	说明
ScriptTimeOut 属性	获取或设置请求超时值（单位为秒），默认值为 90 秒
Execute 方法	终止当前页的执行，调用另一个页面，执行完毕后返回原页面
MapPath 方法	将 Web 服务器的虚拟路径转换为实际路径
Transfer 方法	停止当前页的执行，转向另一个页面，类似于重定向功能
HtmlEncode 方法	将字符串转换成 HTML 格式输出
HtmlDecode 方法	对 HtmlEncode 方法编码的文本进行解码还原

【例 6-9】使用 Server 对象的 MapPath 方法查看文件在服务器的实际路径信息，效果如图 6-11 所示（Ex6-9.aspx）。

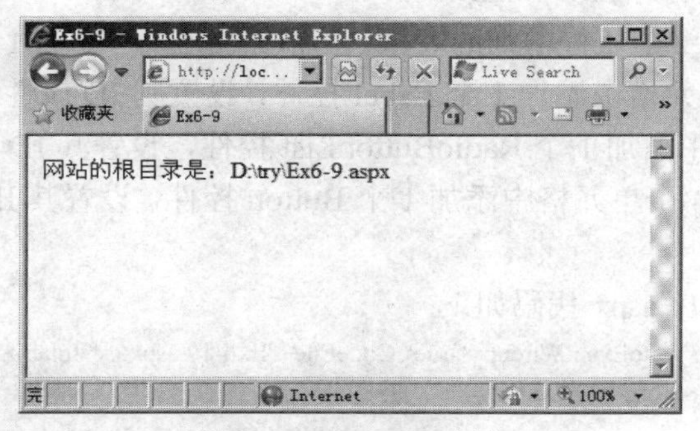

图 6-11　MapPath 方法

Ex6-9.aspx 文件代码如下：

```
<%@ Page Language="C#" AutoEventWireup="true" CodeFile="Ex6-9.aspx.cs" Inherits="Ex6_9" %>
<html xmlns="http://www.w3.org/1999/xhtml">
<head runat="server">
    <title>Ex6-9</title>
</head>
<body>
    <form id="form1" runat="server">
```

```
        <div>
            网站的根目录是：<asp:Label ID="Label1" runat="server" Text="Label"></asp:Label>
        </div>
        </form>
</body>
</html>
```

Ex6-9.aspx.cs 文件中的 Page_Load 事件代码如下：

```
protected void Page_Load(object sender, EventArgs e)
{
    Label1.Text = Server.MapPath("Ex6-9.aspx");
}
```

6.4.2 网上投票系统的实现

目前，许多网站都具备了网上调查功能，通过用户选择选项获取反馈信息。本节将通过实例描述的方式，详细介绍网上投票系统的实现过程。

具体操作步骤如下：

（1）打开 Access 数据库 mychat.mdb，新建一个投票主题表 votename。设置表中 vid 字段为“自动编号”数据类型，并设置其为表的主键；设置 vtitle 字段为“文本”数据类型。

（2）再新建一个投票选项表 voteitems，依次添加以下字段：选项编号 vitmid（自动编号，主键）、选项文本 vitmtitle（文本，30 字符长度）、选项得票数 vitmnum（数字，长整型）、投票主题编号 vid（数字，整数）。

（3）在“解决方案资源管理器”窗口中右击项目，选择快捷菜单中的“添加新项”命令添加一个 Web 窗体，命名为 Ex6-10.aspx。

（4）在页面中添加一个 4 行 1 列的表格，并添加相应对象。第 1 个单元格中添加文本“网上投票系统”；第 2 个单元格中添加 1 个 Label 控件，设置其 ID 属性为“lbltitle”，用于显示投票主题；第 3 个单元格中添加 1 个 RadioButtonList 控件，设置其 ID 属性为“rdblvote”，用于显示投票各个选项；第 4 个单元格中添加 1 个 Button 控件，设置其 ID 属性为“btnvote”，Text 属性为“投票”。

最终页面文件 Ex6-10.aspx 代码如下：

```
<%@ Page Language="C#" AutoEventWireup="true" CodeFile="Ex6-10.aspx.cs" Inherits="Ex6_10" %>
<html xmlns="http://www.w3.org/1999/xhtml">
<head runat="server">
    <title>Ex6-10</title>
</head>
<body>
    <form id="form1" runat="server">
    <div align="center">
        <table cellpadding="0" cellspacing="0" style="width: 386px">
            <tr>
                <td align="center" colspan="2">
                    <b>网上投票系统</b></td>
```

```
            </tr>
            <tr>
                <td align="left" colspan="2" valign="middle">
                    <asp:Label ID="lbltitle" runat="server" Text="Label"></asp:Label>
                </td>
            </tr>
            <tr>
                <td style="width: 10px">
                     </td>
                <td align="left" valign="top">
                    <asp:RadioButtonList ID="rdblvote" runat="server">
                    </asp:RadioButtonList>
                </td>
            </tr>
            <tr>
                <td align="center" colspan="2">
                    <asp:Button ID="btnvote" runat="server" Text="投　票" Width="78px"
                        onclick="btnvote_Click" />
                </td>
            </tr>
        </table>
    </div>
    </form>
</body>
</html>
```

（5）双击页面空白处，打开代码文件 Ex6-10.aspx.cs，输入页面加载事件 Page_Load()。

（6）双击页面文件中的“投票”按钮，在代码文件 Ex6-10.aspx.cs 中输入按钮单击事件 btnvote_Click()。

最终页面文件 Ex6-10.aspx.cs 代码如下：

```
using System;
using System.Collections;
using System.Configuration;
using System.Data;
using System.Linq;
using System.Web;
using System.Web.Security;
using System.Web.UI;
using System.Web.UI.HtmlControls;
using System.Web.UI.WebControls;
using System.Web.UI.WebControls.WebParts;
using System.Xml.Linq;
using System.Data.OleDb;

public partial class Ex6_10 : System.Web.UI.Page
{
    //定义静态全局变量 strcon 和 voteid
```

6 Chapter

```
    static string strcon = System.Configuration.ConfigurationManager.AppSettings["strcon"].ToString();
    static int voteid;
    OleDbConnection ocon = new OleDbConnection(strcon);
    protected void Page_Load(object sender, EventArgs e)
    {
        //判断页面是否为第一次加载
        if (!IsPostBack)
        {
            OleDbDataAdapter oda = new OleDbDataAdapter("select top 1 * from votename", ocon);
            DataSet ds = new DataSet();
            oda.Fill(ds);
            //获取满足条件的第 1 行记录
            DataRow dr = ds.Tables[0].Rows[0];
            lbltitle.Text = dr[1].ToString();
            voteid = Convert.ToInt32(dr[0]);
            //绑定数据表到投票选项
            OleDbDataAdapter oda2 = new OleDbDataAdapter("select * from voteitems where vid=" + voteid, ocon);
            DataSet ds2 = new DataSet();
            oda2.Fill(ds2);
            rdblvote.DataSource = ds2;
            rdblvote.DataTextField = "vitmtitle";
            rdblvote.DataValueField = "vitmid";
            rdblvote.DataBind();
        }
    }
    protected void btnvote_Click(object sender, EventArgs e)
    {
        //判断用户是否选择了投票选项
        if (rdblvote.SelectedItem !=null )
        {
            //修改投票选项的得票数
            string sqlstr = "update voteitems set vitmnum=vitmnum+1 where vitmid=" +Convert.ToInt32
            (rdblvote.SelectedValue);
            ocon.Open();
            OleDbCommand ocmd = new OleDbCommand(sqlstr, ocon);
            ocmd.ExecuteNonQuery();
            ocon.Close();
            Response.Write("<script>alert('投票成功，感谢你的参与！');</script>");
            Response.Redirect("Ex6-10(2).aspx?vid=" + voteid);
        }
        else
        {
            Response.Write("<script>alert('你没有选择选项！');</script>");
        }
    }
}
```

网上投票系统运行效果如图 6-12 所示。

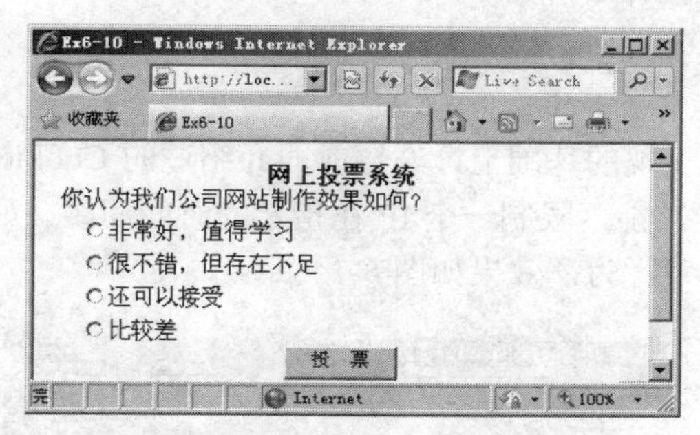

图 6-12　网上投票系统

（7）在“解决方案资源管理器”窗口中右击项目，选择快捷菜单中的“添加新项”命令添加一个 Web 窗体，命名为 Ex6-10(2).aspx。

（8）在页面中添加 1 个 GridView 控件，设置其 ID 属性为“gdvvote”。

（9）通过“GridView 任务”的“编辑列”命令，依次添加“序号”、“选项”和“得票”3 个字段，分别设置 DataField 属性为“vidmid”、“vitmtitle”和“vitmnum”。

（10）双击页面空白处，打开代码文件 Ex6-10(2).aspx.cs，输入页面加载事件 Page_Load() 代码如下：

```
protected void Page_Load(object sender, EventArgs e)
{
    int voteid =Convert.ToInt32(Request.QueryString["vid"]);
    string strcon = System.Configuration.ConfigurationManager.AppSettings["strcon"].ToString();
    OleDbConnection ocon = new OleDbConnection(strcon);
    OleDbDataAdapter oda = new OleDbDataAdapter("select * from voteitems where vid="+voteid , ocon);
    DataSet ds = new DataSet();
    oda.Fill(ds);
    gdvvote.DataSource = ds;
    gdvvote.DataBind();
}
```

由于页面要使用 Access 数据库，所以需要在命名空间引用处添加“using System.Data.OleDb;”代码。

网上投票系统投票结果显示效果如图 6-13 所示。

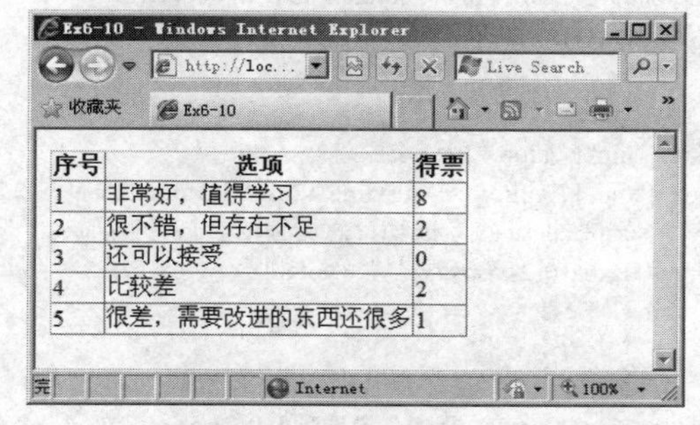

图 6-13　投票结果显示

6.4.3 防止重复投票

在上述网上投票系统实现的基础上，结合前面介绍过的 Cookie 对象，进一步改进网上投票系统。增加用户 Ip 锁定功能，限制一个 IP 在指定的时间间距（如 1 小时）只能进行一次投票，从而有效防止恶意投票行为，效果如图 6-14 所示。

图 6-14 防止重复投票

打开网上投票网页，双击“投票”按钮，在后台代码页面输入 btnvote_Click 事件代码如下：

```
protected void btnvote_Click(object sender, EventArgs e)
{
    string userip = Request.UserHostAddress.ToString();
    HttpCookie oldcookie = Request.Cookies["uip"];
    //判断用户 IP 是否已存在，或者用户 IP 是否和当前 IP 相同。若 IP 不存在或者不相同，则说明符合规定，准予投票
    if (oldcookie == null || oldcookie.Values.ToString() !=userip)
    {
        //判断用户是否选择了投票选项
        if (rdblvote.SelectedItem != null)
        {
            //修改投票选项的得票数
            string sqlstr = "update voteitems set vitmnum=vitmnum+1 where vitmid=" + Convert.ToInt32
                        (rdblvote.SelectedValue);
            ocon.Open();
            OleDbCommand ocmd = new OleDbCommand(sqlstr, ocon);
            ocmd.ExecuteNonQuery();
            ocon.Close();
            //保存用户 IP 到 Cookies 对象
            Response.Cookies["uip"].Value = userip;
            Response.Cookies["uip"].Expires = DateTime.Now.AddHours(1);
            Response.Write("<script>alert('投票成功，感谢你的参与！');</script>");
            Response.Redirect("Ex6-10(2).aspx?vid=" + voteid);
        }
        else
        {
            Response.Write("<script>alert('你没有选择选项！');</script>");
```

```
        }
    }
    else
    {
        Response.Write("<script>alert('1 个 IP 地址在 1 小时内只能投票一次！');</script>");
    }
}
```

单击事件代码的实现思路为：首先获取用户客户端IP地址，然后判断Request.Cookies["uip"]对象中的 IP 地址是否存在，或者与现在的客户端 IP 地址相同。如果不存在或者两次 IP 地址不同，则说明符合规定，准予投票。并在投票操作完成后，将客户端 IP 地址收录到 Cookie 对象中。其他代码用户可以参考源文件中的 Ex6-11.aspx 文件。

7

文件处理

7.1 情景分析

网站应用程序中经常需要交换各种信息，而文件上传是需要的信息交换方式之一，ASP.NET 提供了一个 FileUpload 控件，用于上传文件到 Web 服务器。

7.2 文件上传和下载

7.2.1 文件上传

FileUpload 控件显示 1 个文本框控件和 1 个浏览按钮，使用户恶意选择客户端上的文件并上传到 Web 服务器。

【例 7-1】上传文件。用户在文件上传控件中选择需要上传的文件，并单击“确定”按钮，可以实现文件的上传，效果如图 7-1 所示（Ex7-1.aspx）。

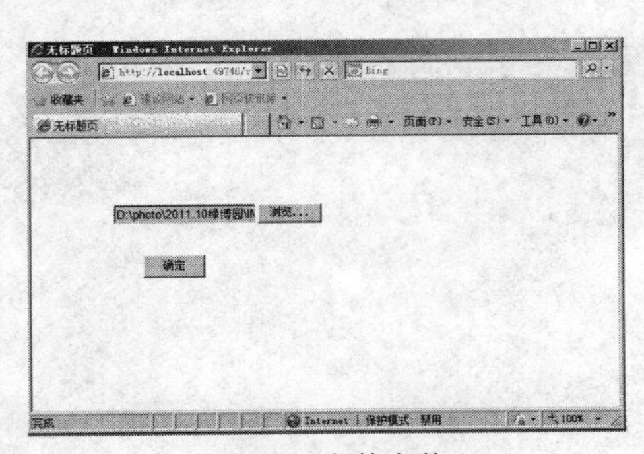

图 7-1 文件上传

Ex7-1.aspx 文件代码如下：

```
<%@ Page Language="C#" AutoEventWireup="true" CodeFile="Ex7-1.aspx.cs" Inherits="Ex7_1" %>
<html xmlns="http://www.w3.org/1999/xhtml" >
<head runat="server">
    <title>无标题页</title>
</head>
<body>
    <form id="form1" runat="server">
    <asp:FileUpload ID="FileUpload1" runat="server"  style="z-index: 1; left: 147px; top: 55px; position: absolute" />
    <asp:Button ID="Button1" runat="server" onclick="Button1_Click1"
    style="z-index: 1; left: 182px; top: 111px; position: absolute; width: 89px"  Text="确定" />
    </form>
</body>
</html>
```

Ex7-1.aspx.cs 文件中的主要代码如下：

```
protected void Button1_Click(object sender, EventArgs e)
 {
     if (FileUpload1.HasFile)
        FileUpload1.SaveAs(Server.MapPath("upload/") +FileUpload1.FileName);
 }
```

程序说明：

页面的 Button1_Click 事件中，利用 HasFile 属性判断是否选择好上传的文件。

7.2.2 文件下载

文件下载的关键技术主要是通过设置 Response 对象的 AddHeader 方法来实现。

【例 7-2】通过列表控件 ListBox 显示服务器文件夹中下载文件的文件名，单击“下载”按钮，将文件保存到本地机，效果如图 7-2 和图 7-3 所示（Ex7-2.aspx）。

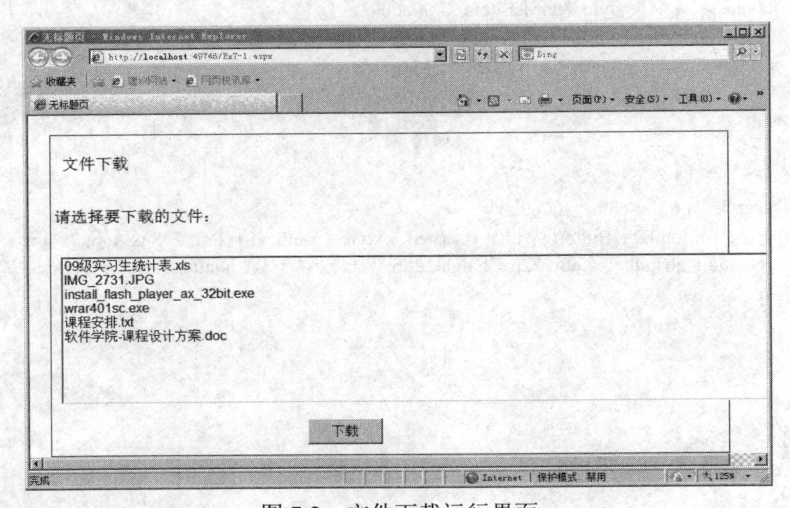

图 7-2 文件下载运行界面

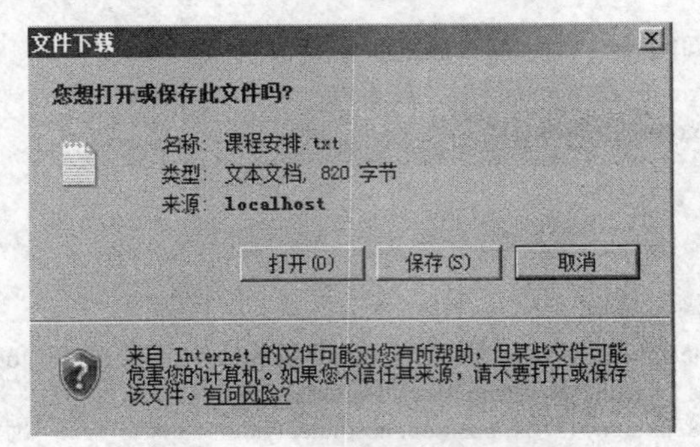

图 7-3 “文件下载”对话框

Ex7-2.aspx 文件代码如下：

```
<%@ Page Language="C#" AutoEventWireup="true" CodeFile="Ex7-2.aspx.cs" Inherits="Ex7_2" %>
<html xmlns="http://www.w3.org/1999/xhtml" >
 <head runat="server">
     <title>无标题页</title>
 </head>
<body>
     <form id="form1" runat="server">
     <table style="border-color: #000000; width: 92%; z-index: 1; left: 21px; top: 20px; position: absolute; height: 331px;"
     frame="border">
          <tr>
               <td class="style2" style="border-color: #000000">文件下载 </td>
          </tr>
          <tr>
               <td class="style3" style="border-color: #000000">请选择要下载的文件：</td>
          </tr>
          <tr>
               <td class="style1" style="border-color: #000000">
                 <asp:ListBox ID="ListBox1" runat="server"   style="z-index: 1; left: 10px; top: 126px;
               position: absolute; width: 681px; height: 151px">
                 </asp:ListBox>
               </td>
          </tr>
          <tr>
               <td style="border-color: #000000">
                 <asp:Button ID="Button1" runat="server"   style="z-index: 1; left: 248px; top: 294px;
                 position: absolute; width: 72px; height: 26px"   Text="下载" onclick="Button1_Click" />
               </td>
          </tr>
     </table>
     </form>
     </body>
</html>
```

Ex7-2.aspx.cs 文件主要代码如下：

```
using System.IO;
public partial class _Default : System.Web.UI.Page
```

```
{
protected void Page_Load(object sender, EventArgs e)
            {
             if (!Page.IsPostBack)
               {
              string[] str = Directory.GetFiles(Server.MapPath("upload"));
              foreach (string filename in str)
               {
                 ListBox1.Items.Add(Path .GetFileName(filename));
               }
              }
            }
protected void Button1_Click(object sender, EventArgs e)
          {
              if (ListBox1.SelectedValue != "")
              {
               string path = Server.MapPath("upload/")+Session["file"].ToString();
               FileInfo fi = new FileInfo(path);
               if (fi.Exists)
                 {
                        Response.Clear();
                        Response.ClearHeaders();
                        Response.ContentType = "application/octet-stream";
                        Response.ContentEncoding = System.Text.Encoding.UTF8;
Response.AddHeader("content-disposition","attachment;filename="+System.Web.HttpUtility.UrlEncode(fi.Name));
                      Response.AddHeader("content-length",fi.Length.ToString);
                      Response.Filter.Close();
                      Response.WriteFile(fi.FullName);
Response.End();
                 }
               else
                {
                  Response.Write("<script>alert('对不起,文件不存在!');</script>");
                  return;
                }
 }       }
}
```

程序说明：

- 首先通过 Directory 类的 GetFiles 方法来获取服务器文件夹 upload 下的各文件，将各文件依次与 ListBox 控件的 Items 属性绑定。字符串数组 str 保存的是文件的完全限定名，Path 类的 GetFileName 方法用来获取指定路径字符串的文件名和扩展名。故在 ListBox 控件中显示的是各文件的文件名和扩展名。
- 在代码段中，首先通过 Server 对象的 MapPath 获取文件的路径，然后通过 Response 对象的一些方法和属性设置 HTTP 标头信息。

从此对话框可以看出，页面上出现的文件名称和类型来自于 Response 对象的 AddHeader 方法属性的设置。

单击“保存”按钮，将再次弹出“文件下载”和“另存为”对话框，如图 7-4 所示。

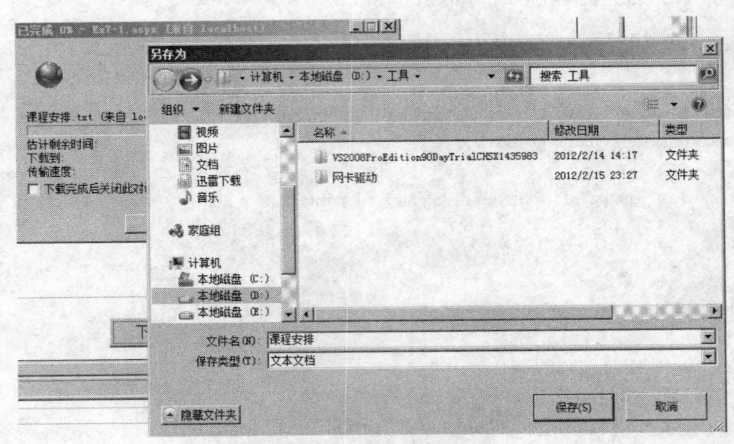

图 7-4　下载文件

选择保存的文件路径和文件名，单击“保存”按钮，将开始下载文件。

7.3　作品提交页面实现

结合本章学习内容和文件上传控件，开发一个简单的作品提交管理器，可以上传、浏览和删除文件。

【例 7-3】首先创建 Web 应用程序 FileManage，在该文件夹下建立了子文件夹 upload（该文件夹用来存放上传的文件），效果如图 7-5 所示（Ex7-3.aspx）。

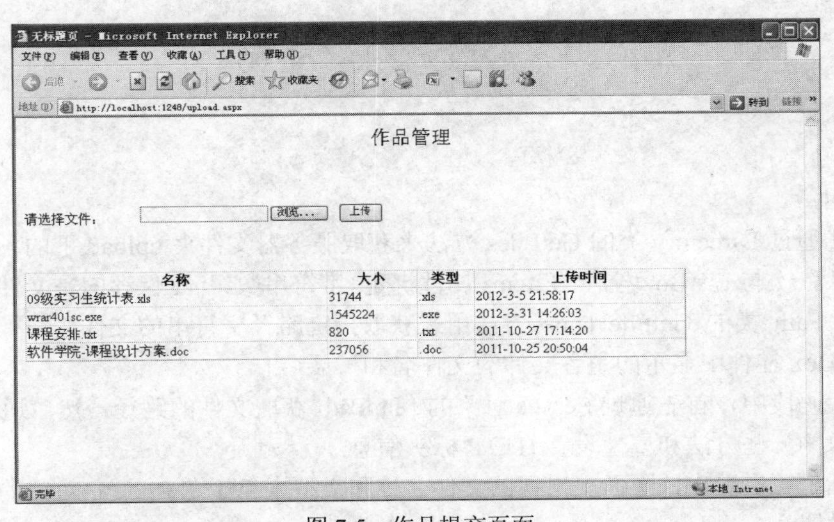

图 7-5　作品提交页面

1. 目的

（1）熟练掌握 FileUpload 控件的使用。

（2）掌握使用 GridView 对文件进行管理。

2. 要求

在 Web 应用程序 FileManage 中添加 Web 窗体，并命名为 Ex7-3.aspx，用作上传作品并显示所有上传过的作品。

3. 步骤

（1）添加一个新的 Web 窗体，命名为 Ex7-3.aspx。

（2）首先在 Ex7-3.aspx 上添加控件，并设置属性如表 7-1 所示。

表 7-1 设置控件的属性

控件类型	ID	属性设置	说明
Label	Label1	Text=作品管理	用于显示提示文本
Label	Label2	Text=请选择文件	用于显示静态信息
FileUpload	FUp1	默认设置	用于选择文件
Button	BTn1	Text=上传	用于提交
GridView	GV1	Autogeneratecolumn=false; Allowpaging=true; DataKeyName=Name	用于显示文件

GridView 控件的设计如图 7-6 所示。

名称	大小	类型	上传时间
数据绑定	数据绑定	数据绑定	数据绑定
数据绑定	数据绑定	数据绑定	数据绑定
数据绑定	数据绑定	数据绑定	数据绑定
数据绑定	数据绑定	数据绑定	数据绑定
数据绑定	数据绑定	数据绑定	数据绑定

图 7-6 GridView 设置后的效果

选择“工具箱”，拖动 GridView 控件到页面中，打开控件 GridView 的属性窗口。属性设置如下：

- 选择“AutoGeneratorColums”，将其属性值修改为 False。
- 选择“AllowPaging”，将其属性值修改为 True。
- 选择“Columns”属性，单击后面的下拉列表框。
- 从左侧的“可用字段”中选择“BoundField”，单击“添加”按钮，然后设置字段属性（HeaderText=名称；DataField=Name）。
- 从左侧的“可用字段”中选择“BoundField”，单击“添加”按钮，将绑定列加入到选定的字段中，然后设置字段属性（HeaderText=大小；DataField=length）。

- 仿照“大小”字段，分别设置“类型”（字段属性：HeaderText=类型；DataField=Extension）和“修改时间”（字段属性：HeaderText=修改时间；DataField=LastWriteTime）两个绑定列。

Ex7-3.aspx 文件代码如下：

```
<%@ Page Language="C#" AutoEventWireup="true" CodeFile="upload.aspx.cs" Inherits="upload" %>
<html xmlns="http://www.w3.org/1999/xhtml">
<head runat="server">
    <title>无标题页</title>
</head>
<body>
    <form id="form1" runat="server">
     <asp:Button ID="Button2" runat="server" style="z-index: 1; left: 412px; top: 83px; position: absolute; width: 90px"
     Text="上传" />
    <asp:FileUpload ID="FileUpload2" runat="server"
        style="z-index: 1; left: 165px; top: 67px; position: absolute; height: 24px" />
    <p>         请选择文件：</p>
    <asp:GridView ID="GridView1" runat="server" AutoGenerateColumns="False"
        style="z-index: 1; left: 150px; top: 153px; position: absolute; height: 133px; width: 373px">
        <Columns>
            <asp:BoundField DataField="name" HeaderText="名称" />
            <asp:BoundField DataField="length" HeaderText="大小" />
            <asp:BoundField DataField="Extension" HeaderText="类型" />
            <asp:BoundField DataField="LastWriteTime" HeaderText="上传时间" />
        </Columns>
    </asp:GridView>
    </form>
</body>
</html>
```

Ex7-3.aspx.cs 文件中主要代码如下：

```
using   System.IO;
void binddata()
        {
            DirectoryInfo mydir=new DirectoryInfo(Server.MapPath("upload"));
            GridView1.DataSource = mydir.GetFiles();
            GridView1.DataBind();
        }
protected void Page_Load(object sender, EventArgs e)
        {
            if (Page.IsPostBack==false)
            binddata();
        }
protected void btn1_Click(object sender, EventArgs e)
        {
             if (FileUpload1.HasFile)
                  FileUpload1.SaveAs(Server.MapPath("upload/") + FileUpload1.FileName);
        }
```

程序说明：

binddata()为自定义方法，用来实现对数据的读取和显示，供 Page_Load 事件调用。

7.4 知识拓展（上传图片至数据库）

在前面章节中，主要介绍了将文件上传到服务器文件夹中的方法，此方法也适用于图片的上传。为了便于管理，有时也需要将文件图片上传至数据库保存，数据库保存图片的方式有两种，一种是保存图片路径，另一种是保存图片数据。

7.4.1 保存图片路径

本小节将主要介绍如何将图片上传至数据库，并保存图片的路径。

【例 7-4】保存图片路径到数据库，效果如图 7-7 所示（Ex7-4.aspx）。

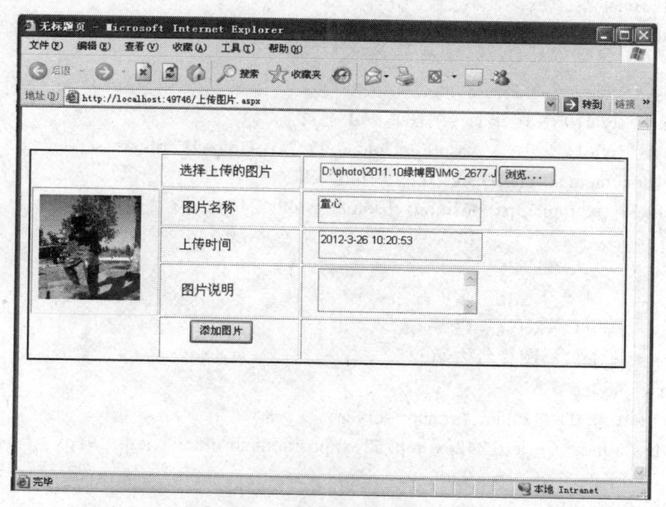

图 7-7 图片上传

具体操作步骤如下：

（1）打开 SQL Server 企业管理器，创建数据库 ImageDB，并创建一个存储图片信息的图片表 image，其设计如表 7-2 所示。

表 7-2 图片表

字段名称	数据类型	约束	说明
ImageID	int	主键	自动编号
ImageName	varchar	非空	图片名称
ImageType	varchar	非空	图片类型

续表

字段名称	数据类型	约束	说明
ImageDes	varchar		图片说明
UploadDate	datetime		上传时间
ImagePath	varchar		保存图片路径

（2）打开站点 fileoperate，新建页面 Ex7-4.aspx。

Ex7-4.aspx 文件代码如下：

```
<%@ Page Language="C#" AutoEventWireup="true" CodeFile="Ex7-4.aspx.cs" Inherits="Ex7_4" %>
<html xmlns="http://www.w3.org/1999/xhtml" >
<head runat="server">
</head>
<body>
    <form id="form1" runat="server">
   <table style="width: 100%; z-index: 1; left: 10px; top: 53px; position: absolute; height: 182px;">
        <tr>
            <td class="style9"> </td>
            <td class="style10"> 选择上传的图片</td>
            <td class="style11">        <asp:FileUpload ID="FileUpload1" runat="server"
OnPropertyChange="document.all.imgID.src='file:///'+this.value"
style="z-index: 1; left: 349px; top: 13px; position: absolute; width: 246px" />
            </td>
        </tr>
        <tr>
            <td class="style1" rowspan="3">;</td>
            <td class="style5"> 图片名称</td>
            <td class="style6">
             <asp:TextBox ID="txtname" runat="server"
                style="z-index: 1; left: 348px; top: 52px; position: absolute; width: 191px"></asp:TextBox>
            </td>
        </tr>
        <tr>
            <td class="style7">上传时间</td>
            <td class="style8">
                <asp:TextBox ID="txtdate" runat="server"
    style="z-index: 1; left: 350px; top: 93px; position: absolute; height: 22px; width: 192px"></asp:TextBox>
            </td>
        </tr>
        <tr>
            <td class="style3">图片说明 </td>
            <td class="style4">
                <asp:TextBox ID="txtdes" runat="server" style="z-index: 1; left: 351px; top: 138px; position: absolute;
                 width: 185px" TextMode="MultiLine"></asp:TextBox>
            </td>
```

```
        </tr>
        <tr>
            <td class="style12"> </td>
            <td class="style13">
            <asp:Image ID="imgID" runat="server"    style="z-index: 1; left: 35px; top: 55px; position: absolute;
            width: 56px" />
            <asp:Button ID="Button1" runat="server" style="z-index: 1; left: 194px; top: 203px; position: absolute"
                    Text="添加图片" onclick="Button1_Click" />
            </td>
            <td class="style14">
              <asp:Button ID="Button2" runat="server" onclick="Button2_Click" Text="Button" />
             </td>
        </tr>
    </table>
    </form>
    </body>
</html>
```

说明：需要为 FileUpload 控件添加 OnPropertyChange 属性，即选择图片后，在 image 标记中出现预览。

Ex7-4.aspx.cs 文件中主要代码如下：

```
public partial class Ex7_4 : System.Web.UI.Page
{
protected void Page_Load(object sender, EventArgs e)
        {
            if (!Page.IsPostBack)
            {
                txtdate.Text = System.DateTime.Now.ToString();
            }
        }
protected void Button1_Click(object sender, EventArgs e)
        {
          string imgtype, filename,imgpath;
          string[] str;
          if (FileUpload1.PostedFile.ContentLength != 0)
            {
              filename = FileUpload1.PostedFile.FileName.ToString();
              str = filename.Split('.');
              imgtype = str[str.Length - 1];
              if (imgtype == "jpg" || imgtype == "gif" || imgtype == "jpeg")
                {
                  imgname = txtname.Text.Trim() + "." + imgtype;
                  imgpath = "~/images/" + FileUpload1.FileName;
                  FileUpload1.PostedFile.SaveAs(Server.MapPath("~/images/") +FileUpload1.FileName);
      SqlConnection con = new SqlConnection("server=.;database=imagedb;trusted_connection=true;");
                  con.Open();
                  string strsql = "insert into image(imagename,imagedes,imagetype,imagepath) values(@imgname,
```

7 Chapter

```
                    @imgdes,@imgtype,@imgpath)";
            SqlCommand cmd = new SqlCommand(strsql,con);
            SqlParameter param;
            param = new SqlParameter("@imgname",SqlDbType.VarChar ,20);
            param.Value = txtname.Text.Trim();
            cmd.Parameters.Add(param);
            param = new SqlParameter("@imgtype", SqlDbType.VarChar, 500);
            param.Value = imgtype;
            cmd.Parameters.Add(param);
            param = new SqlParameter("@imgdes", SqlDbType.VarChar, 50);
            param.Value = txtdes.Text.Trim();
        cmd.Parameters.Add(param);
            param = new SqlParameter("@imgpath", SqlDbType.VarChar, 50);
            param.Value = imgpath ;
            cmd.Parameters.Add(param);
            cmd.ExecuteNonQuery();
            Response.Write("<script>alert('上传图片成功！')</script>");
            con.Close();
          }
          else
          {
    Response.Write("<script>alert('您选择的不是图片格式，请重新选择！')</script>");
          }
      }
    }
}
```

程序说明：

通过 FileUpload 控件，将文件上传至站点 images 文件夹下，并将此路径保存于数据库中。其中，在数据库中存储的突破路径为相对路径，保存在站点文件夹下的路径为绝对路径。

7.4.2 保存图片数据

上传图片至数据库，保存图片信息的另一种方式是保存图片本身的数据。本小节将介绍在数据库中存放上传图片的二进制码。

【例 7-5】保存图片路径到数据库，效果如图 7-7 所示。（Ex7-5.aspx）具体操作步骤如下：

要存储图片的数据，在数据表中应有保存图片数据的字段。设计数据表 Picture（在表 7-2 的基础上添加两个新字段）。

表 7-3 图片表

字段名称	数据类型	约束	说明
ImageContent	image		图片数据
ImgSize	bigint		图片大小

imageContent 字段的数据类型为 Image 类型，用来存储图片本身的数据。

Ex7-5.aspx 文件代码与 Ex7-4.aspx 相同。

Ex7-5.aspx.cs 文件中主要代码如下：

```
public partial class Ex7_5 : System.Web.UI.Page
{
protected void Page_Load(object sender, EventArgs e)
        {
            if (!Page.IsPostBack)
            {
                txtdate.Text = System.DateTime.Now.ToString();
            }
        }
  protected void Button2_Click(object sender, EventArgs e)
        {
          string strfilepathname = FileUpload1.PostedFile.FileName.ToString();
          string strfilename = Path.GetFileName(strfilepathname);
          int filelength =FileUpload1.PostedFile.ContentLength;
          if(filelength<=0)
              return;
          try
            {
              Byte[] buff=new Byte[filelength];
              Stream obj=FileUpload1.PostedFile.InputStream;
              obj.Read(buff,0,filelength);
              SqlConnection con = new SqlConnection("server=.;database=imagedb;trusted_connection=true;");
              con.Open();
              string strsql = "insert into picture(imagename,imagedes,imagetype,imagecontent,imagesize)
              values(@imgname,@imgdes,@imgtype,@imgcontent,@imgsize)";
              SqlCommand cmd = new SqlCommand(strsql, con);
              SqlParameter param;
              param = new SqlParameter("@imgname", SqlDbType.VarChar, 20);
              param.Value = txtname.Text.Trim();
              cmd.Parameters.Add(param);
              param = new SqlParameter("@imgtype", SqlDbType.VarChar, 500);
              param.Value = imgtype;
              cmd.Parameters.Add(param);
              param = new SqlParameter("@imgdes", SqlDbType.VarChar, 50);
              param.Value = txtdes.Text.Trim();
              cmd.Parameters.Add(param);
              param = new SqlParameter("@imgcontent", SqlDbType.VarChar, filelength);
              param.Value = buff;
              cmd.Parameters.Add(param);
              param = new SqlParameter("@imgsize", SqlDbType.BigInt, 8);
              param.Value =filelength;
              cmd.Parameters.Add(param);
              cmd.ExecuteNonQuery();
```

```
            Response.Write("<script>alert('上传图片成功！')</script>");
            con.Close();
        }
        catch
        {
    Response.Write("<script>alert('您选择的不是图片格式，请重新选择！')</script>");
        }
    }
```

程序说明：

在程序中，首先通过 Stream 对象读取图片数据并存入 Byte 数组，Buff 数组存储的是图片的二进制码，然后连接数据库，将图片的基本信息插入数据库表 Picture 中。

8 外观设计

【学习目标】

本章首先介绍样式，然后介绍主题的概念，接着讲解如何在网站中创建一个或多个主题及主题的使用方法，最后在知识拓展中介绍 Web 用户控件、母版页等网页设计技术，这些技术主要用来美化 Web 页、合理布局界面元素。

- 熟练掌握样式和主题的概念。
- 熟练掌握 Web 用户控件的使用方法。
- 熟练掌握母版页在 Web 应用程序中的应用。

8.1 情景分析

当设计包含多个页面的站点时，必须考虑页面结构问题，合理的做法是使站点的所有页面具有通用的页面布局。例如，使整个站点的页面中都显示 Logo 图片导航栏和带有版权信息的页脚。ASP.NET 提供的主题和母版页都是为了快速地对网站进行设计开发和后期能对网站进行有效的维护和管理。不同之处在于，主题负责的对象是页面或服务器控件的样式，而母版页负责的对象是整个网站页面的布局结构，使用母版页可以创建通用的页面布局以及在多个页面中显示的通用内容。

8.2 样式

从 ASP.NET 2.0 开始，就包括了样式和主题，使用样式和主题能够将样式和布局信息分解到单独的文件中，让布局代码和页面代码相分离。主题可以应用到各个站点，当需要更改页面主题时，无须对每个页面进行更改，只需要针对主题代码页进行更改即可。

8.2.1 CSS 简介

在任何 Web 应用程序的开发过程中，层叠样式表 CSS（Cascading Style Sheets）是非常重要的页面布局方法，而且 CSS 也是最高效的页面布局方法。CSS 是一组定义的格式设置规则，用于控制 Web 页面的外观，目前在网页设计中有着广泛的应用。

CSS 通常支持三种定义方式：一是直接将样式控制放置于单个 HTML 元素内，称为内联式；二是在网页的 head 部分定义样式，称为嵌入式；三是以扩展名为“.css”的文件保存样式，称为外联式。这三种样式适用于不同的场合，内联式适用于对单个标签进行样式控制；嵌入式可以控制一个网页的多个样式，当需要对网页样式进行修改时，只需要修改 head 标签中的 style 标签即可；而外联式能够将布局代码和页面代码分离，在维护过程中能够减少工作量。

8.2.2 CSS 基础

CSS 样式的代码位于文件头部<head>…</head>之间，页面内容存放在 HTML 文档中，而用于定义表现形式的 CSS 规则存放在另一个文件中或 HTML 文档的某一部分，通常为文件头部分。将内容与表现形式分离，不仅可以使维护站点的外观更加容易，而且可以使 HTML 文档代码更加简练，缩短浏览器的加载时间。CSS 能够通过编写样式控制代码来进行页面布局，在编写相应的 HTML 标签时，可以通过 Style 属性进行 CSS 样式控制，示例代码如下：

```
<body>
<div style="""font-size:14px;">您好！ </div>
</body>
```

上述代码使用内联方式进行样式控制，并将属性设置为 font-size:14px，其意义就在于定义文字的大小为 14px；同样，如果需要定义多个属性，可以写在同一个 style 属性中，示例代码如下：

```
<body>
<div style="""font-size:14px;">您好！ </div>
<div style="""font-size:14px;font-weight:bolder">您好！ </div>
<div style="""font-size:14px;font-style:italic">您好！ </div>
<div style="""font-size:14px;color:red">您好！ </div>
</body>
```

上述代码分别定义了相关属性来控制样式，并且都使用内联式定义样式。用内联式的方法进行样式控制固然简单，但是在维护过程中却是非常复杂和难以控制。当需要对页面中的布局进行更改时，需要对每个页面的每个标签的样式进行更改，这无疑增大了工作量，当需要对页面进行布局时，可以使用嵌入式的方法进行页面布局，示例代码如下：

```
<head>
<title>欢迎您！
</title>
```

```
<style type=""text/css">
 .font1
  {
    font-size:14px;
  }
.font2
  {
    font-size:14px;
font-weight:bolder;
  }
.font3
  {
    font-size:14px;
font-style:italic;
  }
.font4
  {
    font-size:14px;
color:red;
  }
</style>
</head>
```

上述代码分别定义了 4 种样式，这些样式是通过“.”号加样式名称定义的。在定义了字体样式后，就可以在相应的标签中使用 class 属性来定义样式，示例代码如下：

```
<body>
<div class="""font1">您好！</div>
<div class="font2">您好！</div>
<div class="font3">您好！</div>
<div class="font4">您好！</div>
</body>
```

这样编写代码在维护上更加方便，只需要找到 head 中的 style 标签，就可以对样式进行全面控制。虽然嵌入式能够解决单个页面的样式问题，但是这样只能针对单个页面进行样式控制，而在很多网站的开发应用中，大量的页面样式基本相同，只有少数的页面不相同，所有使用嵌入式还是有不足，这里就可以使用外联式。使用外联式时，必须创建一个.css 后缀的文件，并在当前页面中添加引用，首先右击“解决方案资源管理器”，添加一个样式表文件并命名为 style.css，然后添加如下代码：

```
.font1
  {
    font-size:14px;
  }
.font2
  {
    font-size:14px;
    font-weight:bolder;
  }
```

```
.font3
  {
     font-size:14px;
     font-style:italic;
  }
.font4
  {
     font-size:14px;
     color:red;
  }
```

在编写完成 style.css 文件后，需要在使用该样式表的页面的 head 标签中添加引用，例如：

```
<link href=""style.css" type="text/css" rel="stylesheet"></link>
```

由于添加了对 style.css 文件的引用，浏览器可以在 style.css 文件中找到当前页面的一些样式并解析。使用外联式后，页面的 HTML 代码就能够变得简单和整洁，能够很好地将页面布局的代码和 HTML 代码分离，这样不仅能够让多个页面同时使用一个 CSS 样式表进行样式控制，同时在维护过程中，只需要修改相应的 CSS 文件中的样式属性，即可实现该样式在所有的页面中都进行更新操作。这样既减少了工作量，也提高了代码的可维护性。

CSS 不仅能控制字体的样式，还具有强大的样式控制功能，包括背景、边框、边距等属性，这些属性能够为网页布局提供良好的保障，提高 Web 应用的友好度。

8.2.3 创建 CSS

使用 VS 提供的样式创建器，只需要根据它提供的对话框进行一些选择就可以生成满足需要的样式。

1. 内联式

【例 8-1】创建内联式 CSS（Ex8-1.aspx）。

Ex8-1.aspx 文件代码如下：

```
<%@ Page Language="C#" AutoEventWireup="true" CodeFile="Ex5-1.aspx.cs" Inherits="Ex5_1" %>
<html xmlns="http://www.w3.org/1999/xhtml">
<head runat="server">
<title>无标题页</title>
</head>
<body>
<div>
<asp:Button ID="Button1" runat="server"   Text="提交" />
<asp:TextBox ID="TextBox1" runat="server"></asp:TextBox>
<asp:Label ID="Label1" runat="server" Text="姓名"></asp:Label>
</div>
</body>
</html>
```

切换到“设计”视图，在<div>标记的区域内单击右键，在弹出的快捷菜单中选择“属性”命令，在屏幕右下角弹出如图 8-1 所示的对话框。单击 Style 右边的小按钮，弹出如图 8-2 所示的对话框。

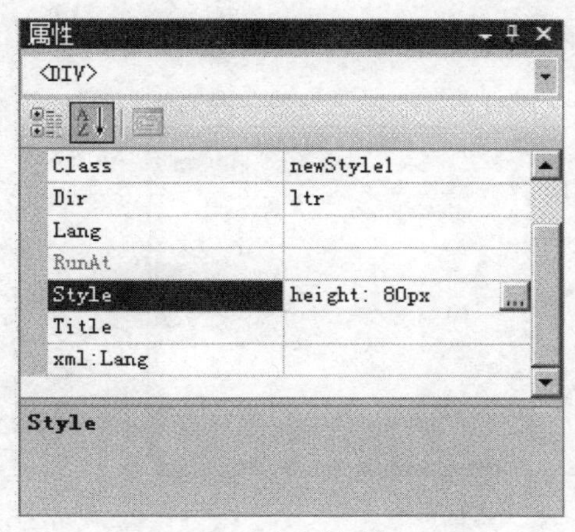

图 8-1　CSS 规则定义（一）

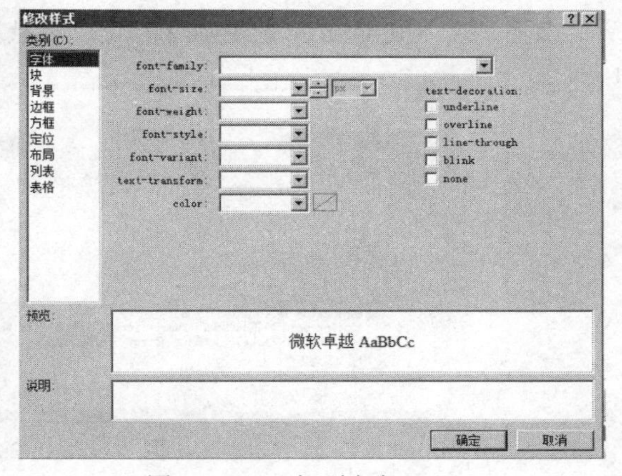

图 8-2　CSS 规则定义（二）

在此对话框中，只需要进行一些选择就可以为<div>标记创建样式。

2. 嵌入式

【例 8-2】创建嵌入式 CSS（Ex8-2.aspx）。

Ex8-2.aspx 文件代码与 Ex8-1.aspx 相同。

切换到“设计”视图，选择“格式”→“新建样式”菜单命令，打开如图 8-3 所示的对话框。

图 8-3　“新建样式“对话框

在此对话框中设置选择器的名称，如“.newStyle2”，然后对字体、边框等进行一些选择，单击“确定”按钮，完成样式的选择。<head>标记中会自动添加<style>样式标记。

在 Ex8-2.aspx 文件中，将光标移动到<div>标记，添加属性"Class=newStyle2"。

添加了潜入式 CSS 后的 Ex8-2.aspx 文件代码如图 8-4 所示。

```
客户端对象和事件                                  (无事件)
<head runat="server">
    <title>无标题页</title>
    <style type="text/css">
        .newStyle2
        {
            font-size: large;
            color: #000080;
            background-color: #C0C0C0;
        }
    </style>
</head>
<body>
    <form id="form1" runat="server">
      <div class="newStyle2">
        <asp:Button ID="Button1" runat="server"  Text="提交" />
        <asp:TextBox ID="TextBox1" runat="server" ></asp:TextBox>
        <asp:Label ID="Label1" runat="server" Text="姓名"></asp:Label>
      </div>
    </form>
</body>
</html>
```

图 8-4　Ex8-2.aspx 文件代码

3. 外联式

【例 8-3】创建外联式 CSS（Ex8-3.aspx）。

Ex8-3.aspx 文件代码与 Ex8-1.aspx 相同。

（1）在菜单命令中选择“添加新项”→“样式表”，命名为 StyleSheet2.css，输入样式如图 8-5 所示。

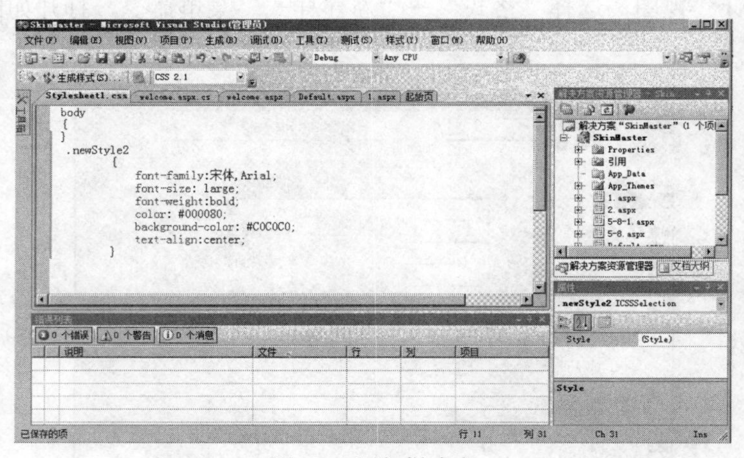

图 8-5　添加样式表

（2）在 Ex8-3.aspx 文件的<head>标签中添加引用：

```
<link href="""stylesheet2.css" type=""text/css" rel="stylesheet" ></link>
```


8.3　主题

主题是属性设置的集合，通过使用主题的设置能够定义页面和控件的样式，然后在某个 Web 应用程序中应用到所有的页面及页面上的控件，以简化样式控制。

8.3.1 主题

主题是有关页面和控件的外观属性设置的集合，由一组元素组成，包括外观文件、级联样式表（CSS）、图像和其他资源。

主题至少包含外观文件（.skin 文件），是在网站或 Web 服务器上的特殊目录中定义的，一般把这个特殊目录称为专用目录，这个专用目录的名字为 App_Themes。App_Themes 目录下可以包含多个主题目录，主题目录的命名由程序员自己决定。而外观文件等资源则是放在主题目录下。这里给出一个主题目录结构示例，如图 8-6 所示，专用目录 App_Themes 下包含三个主题目录，每个主题目录下包含一个外观文件。

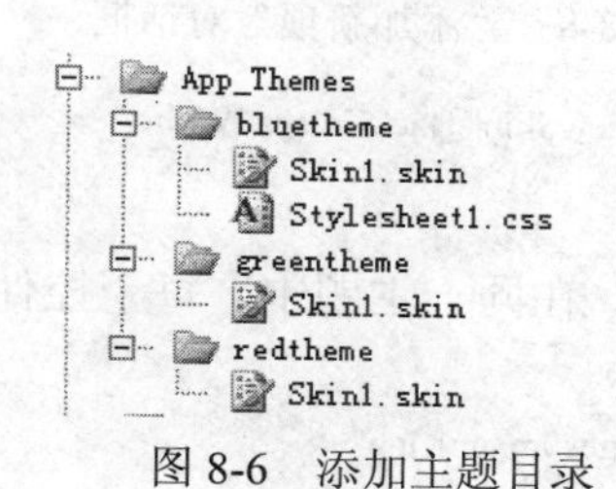

图 8-6 添加主题目录

8.3.2 创建主题

创建主题的过程比较简单，步骤如下：

（1）右击要为之创建主题的网站项目，在弹出的快捷菜单中选择“添加 ASP.NET 文件夹”→“主题”命令。此时就会在该网站项目下添加一个名为 App_Themes 的文件夹，并在该文件夹中自动添加一个默认名为“主题 1”的文件夹，如图 8-7 所示。

图 8-7 添加默认主题

（2）右击“主题 1”文件夹，在弹出的快捷菜单中选择“添加新项...”命令，此时会弹出“添加新项”对话框，如图 8-8 所示，该对话框提供了在“主题”文件夹里可以添加的文件的模板。

（3）在“添加新项”对话框中选择“外观文件”，在“名称”文本框中会出现该文件的默认名 Skin1.skin，单击“添加”按钮，Skin1.skin 就会添加到主题 1 目录下。

Skin1.skin 文件代码如下：

```
<%--
```

以下外观仅作为示例提供：

（1）命名的控件外观。SkinId 的定义应唯一，因为在同一主题中不允许一个控件类型有重复的 SkinId。

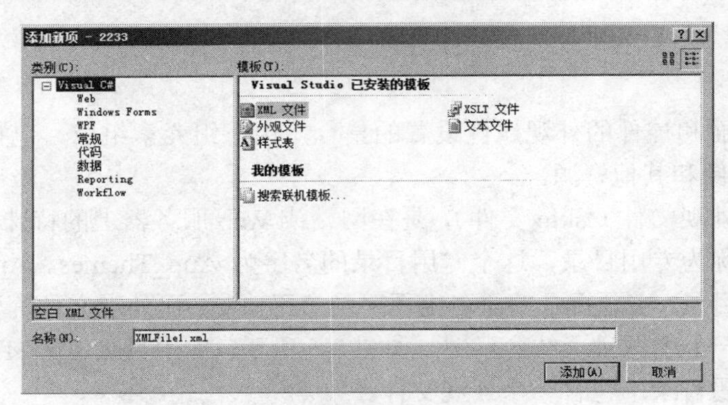

图 8-8 “添加新项”对话框

```
<asp:GridView runat="server" SkinId="gridviewSkin" BackColor="White">
<AlternatingRowStyle BackColor="Blue" />
</asp:GridView>
```

（2）默认外观。未定义 SkinId。在同一主题中，每个控件类型只允许有一个默认的控件外观。

```
<asp:Image runat="server" ImageUrl="~/images/image1.jpg" />
--%>
```

程序说明：

- 主题目录放在专用目录 App_Themes 的下面。
- 专用目录下可以放多个主题目录。
- 皮肤文件放在“主题目录”下。
- 每个主题目录下可以放多个皮肤文件，但系统会把多个皮肤文件合并在一起，把这些文件视为一个文件。
- 对控件显示属性的定义放在以“.skin”为后缀的皮肤文件中。

8.3.3 应用主题

1. 为页面应用主题

在网页中使用主题时，都会在网页定义中加上“Themes=[主题目录]”的属性，示例代码如下：

```
<%@ Page  Theme="主题 1"… % >
```

2. 为 Web 应用程序指定主题

为了将主题应用于整个项目，可以在项目根目录下的 Web.config 文件中进行配置，示例代码如下：

```
<configuration>
<system.web>
<Pages Themes="主题 1"></Pages>
</system.web>
</configuration>
```

3. 动态应用主题

有时主题不仅用于标准化网站外观，还用于使每个用户可配置外观。这样，Web 应用程序就使用户有机会选择页面要使用的主题了。

这项技术其实非常简单。你所要做的只是在代码中动态设置 Page.Theme 属性或 Page.StyleSheet 属性。唯一要注意的是，这一步必须在 Page.PreInit 事件阶段完成，此后尝试设置这些属性会产生一个编译错误。

```
Protected void Page_PreInit(object sender, EventArgs e)
{
        If (request["theme"]!=null)
                Page.Themes=request["theme"];
Else
                Page.Themes="RedTheme";
}
```

这里通过读取当前 Request 对象里的主题名称来应用动态主题，如果 Request 对象里的主题名称为空，则指定此页面的主题为 RedTheme。

【例 8-4】主题的使用。在外观文件中定义 TextBox、Label 和 Button 的属性并应用于网页设计中（Ex8-4.aspx）。基本步骤如下：

（1）按照 8.3.2 小节所讲述的步骤创建出主题目录 Theme1。

（2）在主题目录 Theme1 下添加外观文件，命名为 Skin1.skin。

（3）在 Skin1.skin 里添加代码如下：

```
<asp:TextBox   BackColor="#c4d4e0" ForeColor="#0b12c6"   Runat="Server"/>
<asp:Label   ForeColor="#0b12c6"   Runat="Server"/>
<asp:Button   BackColor="#c4d4e0" ForeColor="#0b12c6"   Runat="Server"/>
```

（4）把 Ex8-4.aspx 文件切换到“设计”视图，从“工具箱”里拖动一个 Label 控件、一个 TextBox 控件和一个 Button 控件，运行效果如图 8-9 所示。

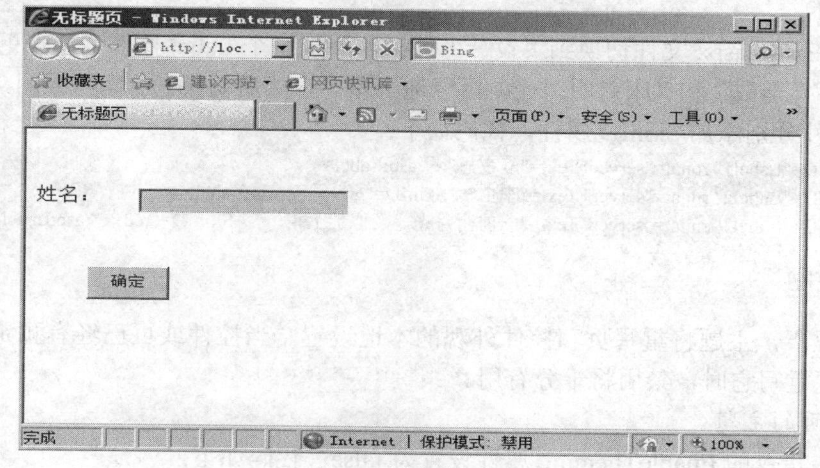

图 8-9　主题的使用

8.3.4 SkinID的使用

SkinID是ASP.NET为Web控件提供一个联系到皮肤的属性,用来表示控件使用哪种皮肤。有时需要同时为一种控件定义不同的显示风格，这时可以在皮肤文件中定义SkinID属性来区别不同的显示风格。

【例 8-5】利用 SkinID 属性来区别不同的显示风格（Ex8-5.aspx）。运行效果如图 8-10 所示。

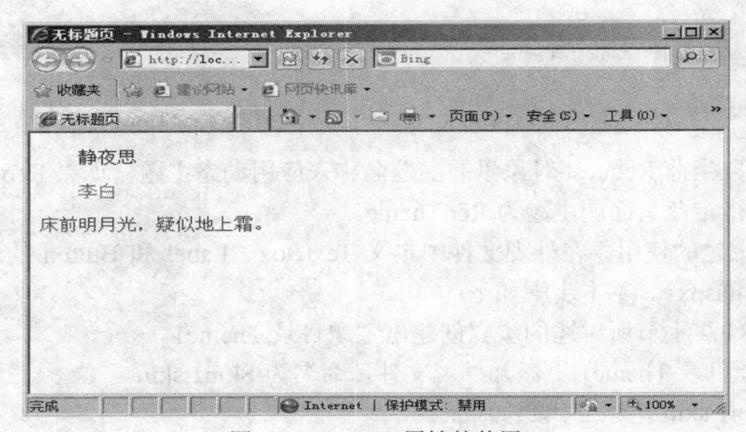

图 8-10　SkinID属性的使用

具体操作步骤如下：

（1）在 Skin1.skin 文件中对 Label 控件定义了三种显示风格的皮肤，代码如下：

```
<asp:Label    runat="server" ForeColor="#0b12c6"></ asp:Label >
<asp:Label    runat="server" ForeColor="#11cc11" SkinID="green"></ asp:Label >
<asp:Label    runat="server" ForeColor="#cc1111" SkinID="red"></ asp:Label >
```

（2）把 Ex8-4.aspx 文件切换到“设计”视图，添加三个 Label 控件，分别更改 Text 属性为“静夜思”、“李白”和“床前明月光，疑似地上霜。”，然后切换到“源”视图，为第 2 和第 3 个 Label 控件分别添加 SkinID 属性，代码如下：

```
<asp:Label ID="Label1" runat="server" Text="静夜思"></asp:Label>
<asp:Label ID="Label2" runat="server" Text="李白"    SkinID="green"></asp:Label>
<asp:Label ID="Label3" runat="server" Text="床前明月光，疑似地上霜。"    SkinID="red"></asp:Label>
```

8.3.5 禁用主题

默认情况下，主题将重写页和控件外观的本地设置。当控件或页已经有预定义的外观而又不希望主题重写它时，禁用将十分有用。

1. 禁用页的主题

将@ Page指令的 EnableTheming 属性设置为 false，代码如下：

```
<%@ Page EnableTheming="false" %>
```

2. 禁用控件的主题

将控件的 EnableTheming 属性设置为 false，代码如下：

```
<asp:Calendar id="Calendar1" runat="server" EnableTheming="false" />
```

8.4 网站外观设计

ASP.NET 主题可以让网站的页面风格一致，且可以同时控制 HTML 元素和 ASP.NET 控件在页面上的皮肤。

【例 8-6】熟练掌握主题的使用（Ex8-6.aspx）。运行效果如图 8-12 所示。

要求：网站 WebSkin 中所有页面的文本框的外观为：背景色设为黄色，并选择 dotted 作为其边框样式；所有按钮的外观为：背景色为蓝色，并选择 dashed 作为其边框样式。

Ex8-6.aspx 设计界面如图 8-11 所示。

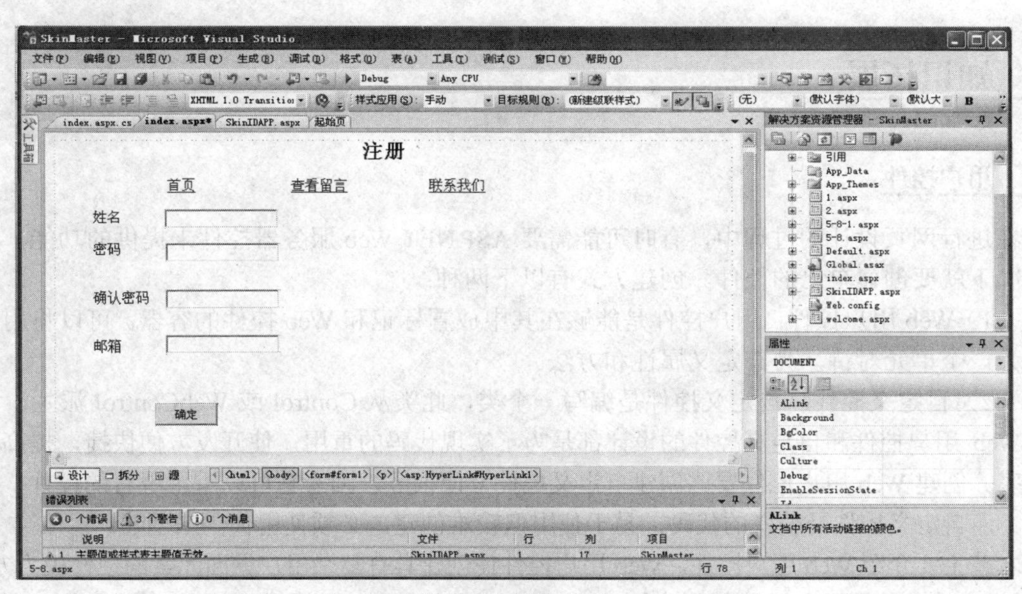

图 8-11 设计页面

右击网站 WebSkin，在弹出的快捷菜单中选择“添加 ASP.NET 文件夹”→“主题”命令。此时就会在该网站项目下添加一个名为 App_Themes 的文件夹，并在 App_Themes 文件夹下添加“主题 1”文件夹，然后在“主题 1”文件夹下添加一个外观文件 Skin1.skin，输入以下代码：

```
<asp:TextBox BackColor="Yellow" BorderStyle="Dotted" Runat="Server" />
<asp:Button BackColor="blue" BorderStyle="Dashed"   Runat="server"/>
```

切换到 Ex8-6.aspx 页面的“源”视图，为<%@ Page %>指令添加属性“Theme="""主题 1"”，运行结果如图 8-12 所示。

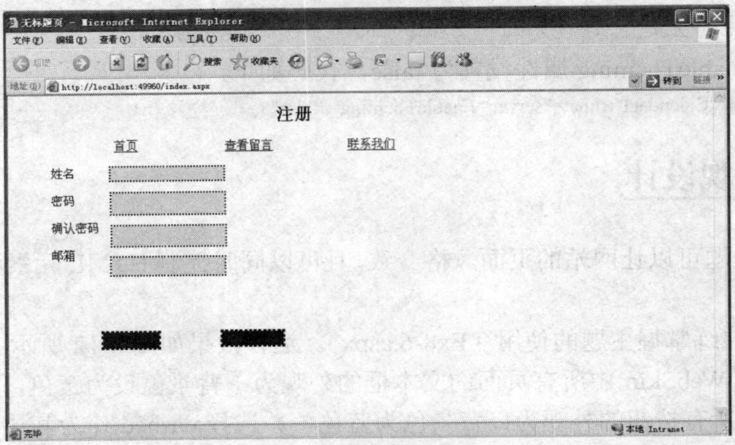
无标题页 - Microsoft Internet Explorer
http://localhost:49960/index.aspx
注册
首页
查看留言
联系我们
姓名
密码
确认密码
邮箱
完毕
本地 Intranet

图 8-12 应用外观

8.5 知识拓展

8.5.1 用户控件

在进行网页设计的过程中，有时可能需要 ASP.NET Web 服务器控件未提供的功能，在这种情况下就要创建自己的控件。创建方式有以下两种：

（1）Web 用户控件：用户控件是能够在其中放置标记和 Web 控件的容器。可以将用户控件作为一个单元对待，为其定义属性和方法。

（2）自定义控件：自定义控件是编写一个类，此类从 Control 或 WebControl 派生。

Web 用户控件和自定义控件的设计都是为了实现代码的重用，使开发方便快捷，提高了开发效率。创建 Web 用户控件要比创建自定义控件方便很多，因为它可以重用现有的控件，易于创建。而自定义控件是编译的代码，易于使用但较难创建，必须使用代码来创建。

本节主要介绍 Web 用户控件，Web 用户控件使创建具有复杂用户界面元素的控件极为方便。

ASP.NET Web 用户控件与完整的 ASP.NET 网页相似，同时具有用户界面页和代码。可以采取与创建 ASP.NET 页相似的方式创建 Web 用户控件，然后向其中添加所需的标记和子控件。Web 用户控件可以像页面一样包含对其内容进行操作的代码。

Web 用户控件与 ASP.NET 网页有以下区别：

（1）Web 用户控件的文件扩展名为.ascx。

（2）Web 用户控件中没有@Page 指令，而是包含@Control 指令，该指令对配置及其他属性进行了定义。

（3）Web 用户控件不能作为独立文件运行，而必须像处理基本控件一样，将它们添加到 ASP.NET 页中。

（4）Web 用户控件中没有 HTML、body 或 form 元素。这些元素必须位于宿主页中。

【例 8-7】创建一个 Web 用户控件作为网站的导航条，当不同的用户登录时，导航条显示的内容不同（Ex8-7.aspx）。具体操作步骤如下：

（1）打开 Visual Studio 2008 开发环境，新建网站 ManageInfo。在解决方案管理器中右击站点文件，在弹出的快捷菜单中选择“添加新项”命令，在弹出的对话框中选择“Web 用户控件”选项，命名为 Header.ascx，如图 8-13 所示。单击“添加”按钮，即可添加一个 Web 用户控件。

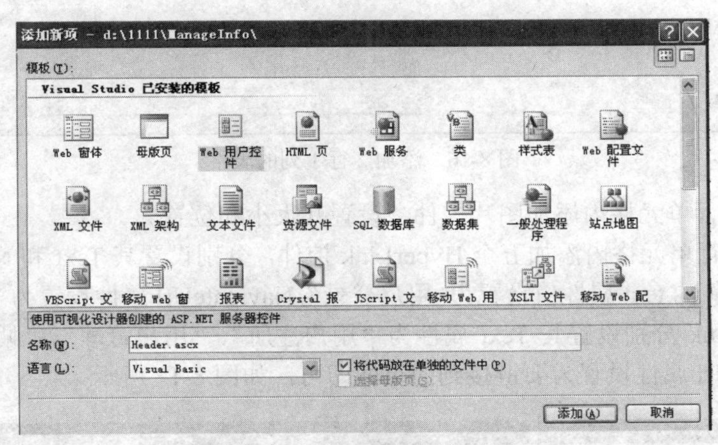

图 8-13　选择 Web 用户控件

（2）在解决方案管理器中添加一个文件夹，如图 8-14 所示，命名为 images，用来放置在网站中所需要的图片，如图 8-15 所示。

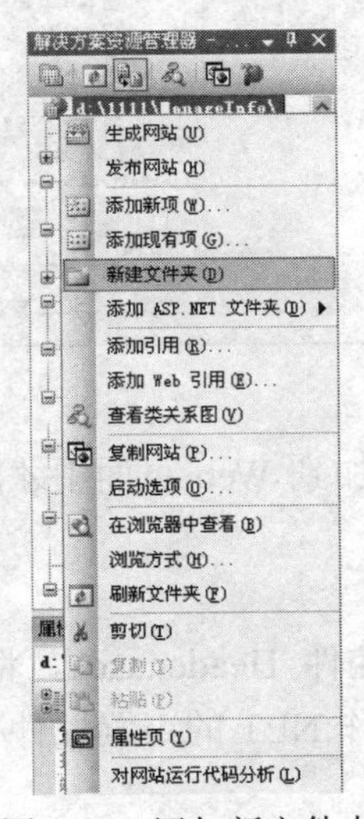

图 8-14　添加新文件夹

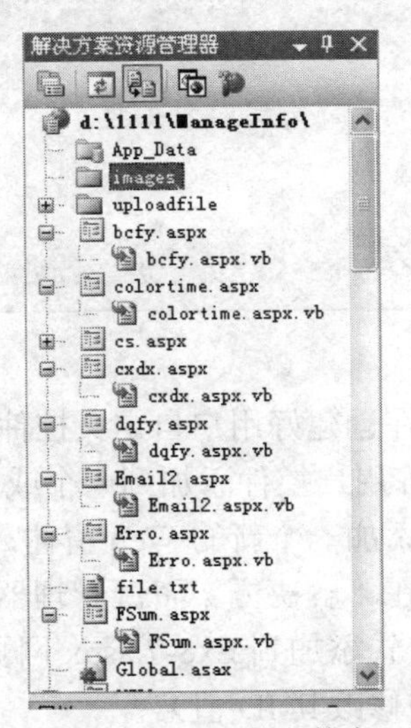

图 8-15　images 文件夹

（3）在 Header.ascx 文件的设计页面中添加一个 2 行 1 列的表格，如图 8-16 所示。

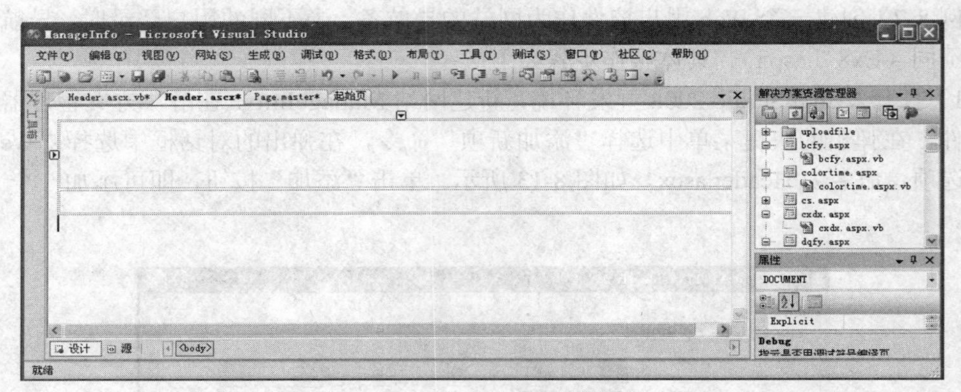

图 8-16 添加 2 行 1 列的表格

（4）在第一行单元格内添加图片控件，设置其大小和位置。

（5）在第二行单元格内添加五个 HyperLink 控件，分别设置其 Text 和 NavigateUrl 属性，如 HyperLink1 控件的 text 属性值设置为“用户登录”，NavigateUrl 属性设置为 WebDenglu.aspx；其余四个 HyperLink 分别设置其 Text 属性为“用户注册”、“用户管理”、“帖子管理”、“返回首页”，NavigateUrl 属性设置为要链接到的页面即可，如图 8-17 所示。

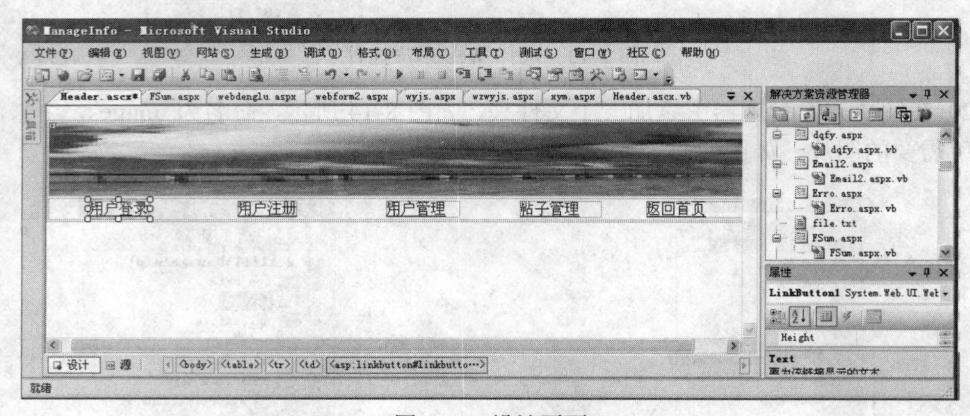

图 8-17 设计页面

（6）在创建好用户自定义控件 Header.ascx 后，必须添加到 Web 页面中才能显示出来。可以将 Web 用户控件添加到一个或多个 Web 页面中。

（7）添加一个新的 Web 窗体，重命名为 Ex8-7.aspx。

（8）在“解决方案资源管理器”中找到用户自定义的控件 Header.ascx，将 Header.ascx 以拖动的方式添加到 Ex8-7.aspx 网页中（操作用户控件与操作.NET 的内置控件一样，可以在属性窗口中修改其 ID 值）。

（9）单击“工具箱”，拖动 Label 控件到 Ex8-7.aspx 页面中，设置其属性为 Text=空、ID=time。

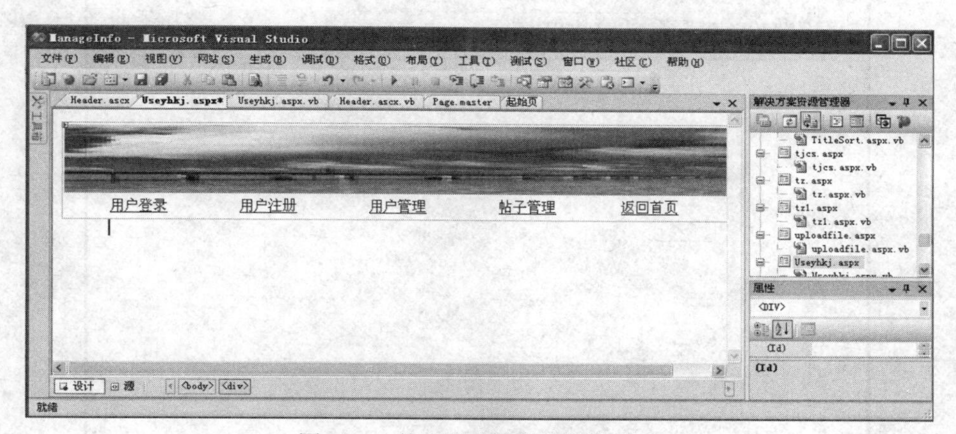

图 8-18　使用用户控件的设计页面

Ex8-7.aspx.cs 文件中主要代码如下：

```
Protected Sub Page_Load(ByVal sender As Object, ByVal e As System.EventArgs) Handles
Me.Load
    time.Text = Date.Now.ToString("yyyy 年 MM 月 dd 日") + "" + DateTime.Today.DayOfWeek.ToString()
End Sub
```

运行结果如图 8-19 所示。

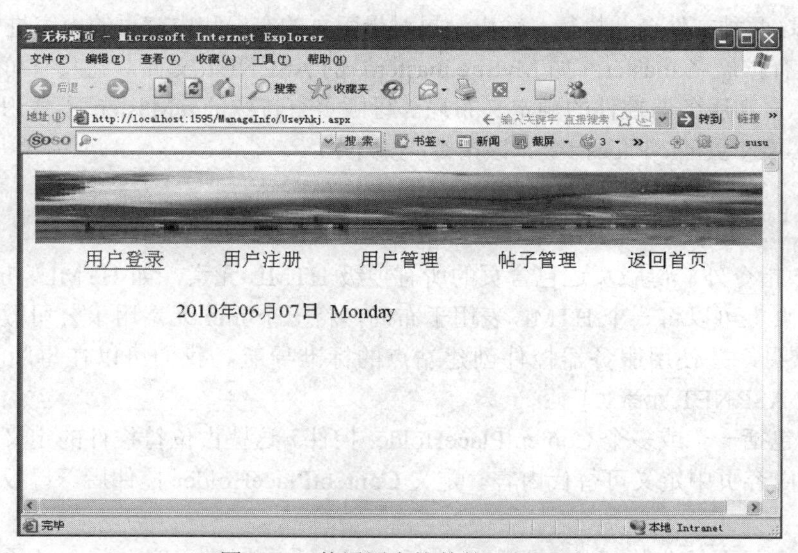

图 8-19　使用用户控件的运行界面

单击“用户登录”链接，打开“用户登录”窗口，如图 8-20 所示。

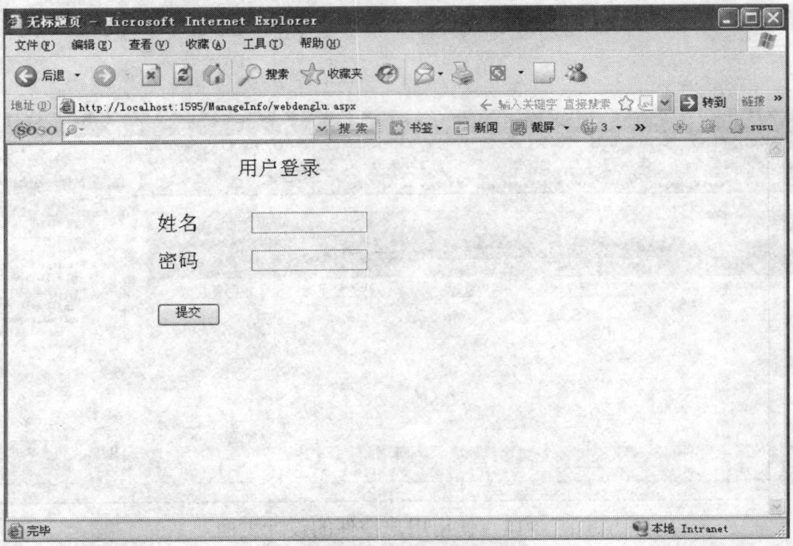

图 8-20　登录界面

8.5.2　母版页

使用 ASP.NET 母版页（MasterPage）可以为应用程序中的页创建统一的布局。母版页可以为应用程序中的所有页定义所需的外观和标准行为。当用户请求内容页时，ASP.NET 将会把母版页和内容页这两种文件合并执行，输出结果对母版页的布局和内容页的内容进行了合并。

母版页具有扩展名.master（如 MySite.master）的 ASP.NET 文件，它具有可以包括静态文本、HTML 元素和服务器控件的预定义布局。母版页有特殊的@Master 指令识别，该指令替换了用于普通.aspx 页的@Page指令。该指令类如下：

```
//*****************************************************************************
<%@ Master Language=""C#"""" AutoEventWireup="true" CodeFile="MasterPage.master.cs" Inherits=""MasterPage" %>
//*****************************************************************************
```

除 Master 指令外，母版页还包含页的所有顶级 HTML 元素，如 HTML、head 和 form。例如，在母版页上可以将一个 HTML 表用于布局，将一个 img 元素用于公司徽标，将静态文本用于版权说明，并使用服务器控件创建站点的标准导航。我们可以在母版页中使用任何 HTML 元素和 ASP.NET 元素。

母版页还包括一个或多个 ContentPlaceHolder 控件。这些占位符控件的定义可替换内容出现的区域，在内容页中定义可替代内容。定义 ContentPlaceHolder 控件后，母版页的源码如图 8-21 所示。

母版页包含页面的公共部分，即网页模板。因此，在创建示例之前，必须判断哪些内容是页面公共部分，这就需要从分析页面结构开始。图 8-22 为某网站中的一页，该页面的结构如图 8-22 所示。

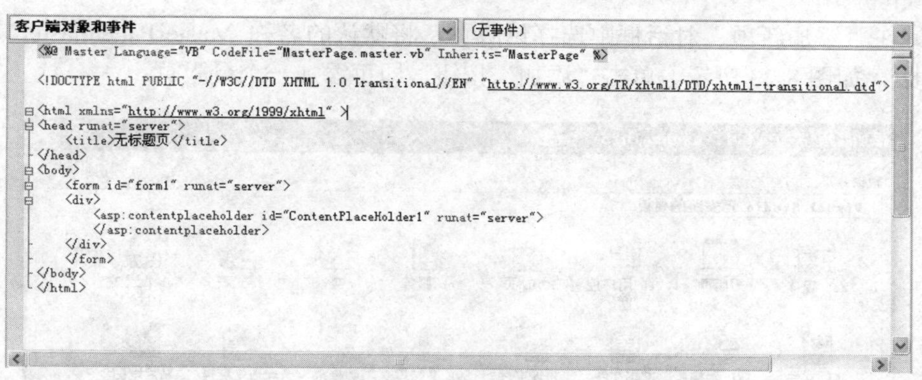

```
客户端对象和事件                    (无事件)
<%@ Master Language="VB" CodeFile="MasterPage.master.vb" Inherits="MasterPage" %>

<!DOCTYPE html PUBLIC "-//W3C//DTD XHTML 1.0 Transitional//EN" "http://www.w3.org/TR/xhtml1/DTD/xhtml1-transitional.dtd">

<html xmlns="http://www.w3.org/1999/xhtml" >
<head runat="server">
    <title>无标题页</title>
</head>
<body>
    <form id="form1" runat="server">
    <div>
        <asp:contentplaceholder id="ContentPlaceHolder1" runat="server">
        </asp:contentplaceholder>
    </div>
    </form>
</body>
</html>
```

图 8-21　母版页源代码

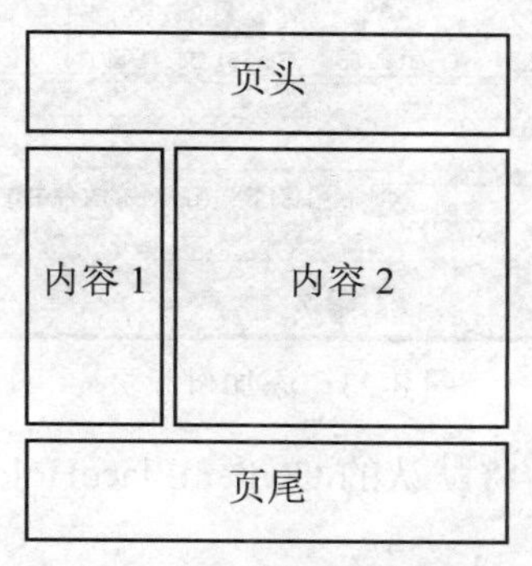

图 8-22　网站页面结构

通过分析可知，此页面由 4 个部分组成：页头、页脚、内容 1 和内容 2。其中页头和页脚是网站中页面的公共部分，网站中的许多页面都包含相同的页头和页脚；内容 1 和内容 2 是页面的非公共部分，结合母版页和内容页的有关知识可知，如果使用母版页和内容页来创建该页面，那么必须创建一个母版页 MasterPage.master 和一个内容页，其中母版页包含页头和页尾等内容，内容页则包含内容 1 和内容 2。

1. 创建母版页

母版页具有以下优点：

- 使用母版页可以集中处理页的通用功能，以便只在一个位置上进行更新。
- 使用母版页可以方便地创建一组控件和代码，并将结果应用于一组页。例如，可以在母版页上使用控件来创建一个应用于所以页的菜单。
- 使用母版页可以在细节上控制最终页的布局。
- 母版页提供了一个对象模型，使用该对象模型可以从各个内容页自定义母版页。

【例 8-8】为网站添加母版页。具体操作步骤如下：

（1）在“解决方案资源管理器”中右击站点 ManageInfo，在弹出的快捷菜单中选择“添加新项”命令。

（2）在“添加新项”对话框中选择母版页，将默认的名称 MasterPage.master 重命名为 Page.master，如图 8-23 所示。单击“添加”按钮，即可添加一个母版页。

图 8-23　添加母版页

（3）在 Page 的设计页面中，将默认的 ContentPlaceHolder 控件删除掉，然后添加一个 3 行 1 列的表格。

（4）在第一个单元格内添加用户控件 Header（上一章节已完成）。

1）在第二个单元格内添加一个 1 行 3 列的表格。在第一列中添加如表 8-1 所示的控件，并设置属性。

表 8-1　设置控件的属性

控件类型	ID	属性设置	说明
Label	Label1	Text=用户登录	用于显示文本
Label	Label2	Text=用户名	用于显示文本
TextBox	Username	默认设置	用于输入姓名
Label	Label3	Text=密码	用于显示文本
TextBox	Pwd	默认设置	用于输入密码
Button	Login	Text=登录	
Button	Exit	Text=取消	
ContentPlaceHolder	CPH1	默认设置	用于定义内容页可替换的内容

2）在第二列中添加如表 8-2 所示的控件，并设置属性。

表 8-2　设置控件的属性

控件类型	ID	属性设置	说明
Label	Label1	Text=工作动态	用于显示文本

3）在第三列中添加如表 8-3 所示的控件，并设置属性。

表 8-3　设置控件的属性

控件类型	ID	属性设置	说明
Label	Label1	Text=友情链接	用于显示文本
HyperLink	Hl1	Text=网址导航 NavigateUrl=http://www.gouwo.com/default.aspx?id=1&time=20100430	用于超链接
HyperLink	Hl2	Text=新浪网；NavigateUrl=http://www.sina.com	用于超链接
HyperLink	Hl2	Text=搜狐网；NavigateUrl=http://www.sina.com	用于超链接
ContentPlaceHolder	CPH1	默认设置	用于定义内容页可替换的内容

4）在第三个单元格内添加文字“Copyright 2010-2012 版权所有 QQ:251008088 E_mail: qlvm@sina.com”并居中。

设计好的母版页如图 8-24 所示。

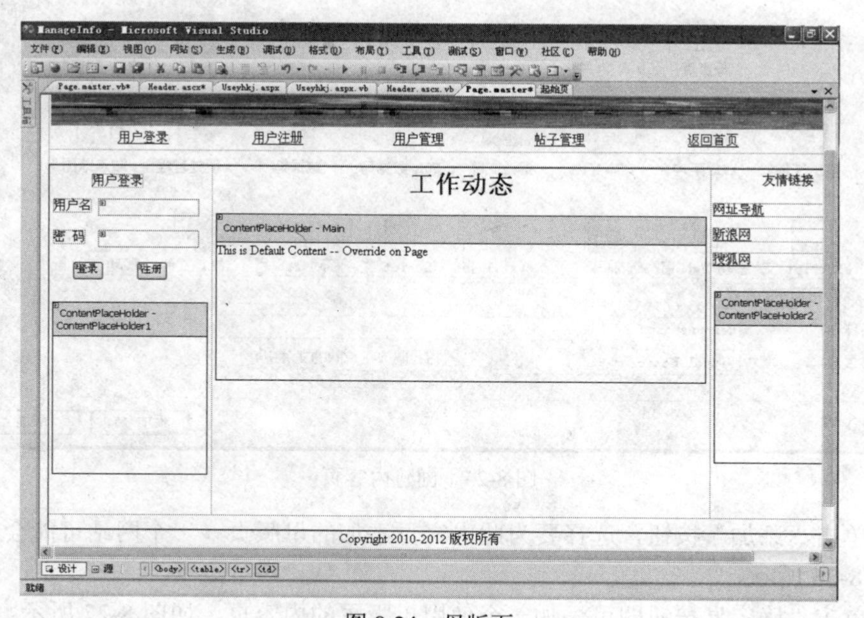

图 8-24　母版页

8.5.3 创建内容页

内容页就是普通的ASP.NET页，内容页可以和母版页共同实现一个页面。内容页要绑定到特定母版页，通过包含要使用母版页的Master属性，在内容页用@Page指令建立绑定。

如果想使用创建好的母版页，必须先创建内容页。首先必须在母版页放置一个或多个ConterPlaceHolder控件，之后就可以在控件中创建内容页了，方法有两种：

（1）右击母版页中的ConterPlaceHolder，选择“添加内容页”，然后就会在解决方案资源管理器中看到所添加的页了。

（2）右击“解决方案资源管理器中”的路径，选择“添加新项”。这里要注意的是，在弹出的对话框中选择“Web 窗体”之后，在下面的“选择母版页”复选框要选中，最后选择要使用的母版页就可以了。

【例 8-9】使用第二种方法创建内容页，并使用例 8-8 中创建的母版页 Page.master。具体操作步骤如下：

（1）在“解决方案资源管理器”中右击站点 ManageInfo，在弹出的快捷菜单中选择“添加新项”命令，添加一个新的 Web 窗体，重命名为 Neirong.aspx，然后选中下面的“选择母版页”复选框，如图 8-25 所示。

图 8-25　创建内容页

（2）单击“添加”按钮，选择要为此内容页添加的母版页（一个网站可能会有多个母版页），如图 8-26 所示。

（3）单击“确定”按钮即可添加一个使用母版页的内容页，如图 8-27 所示。

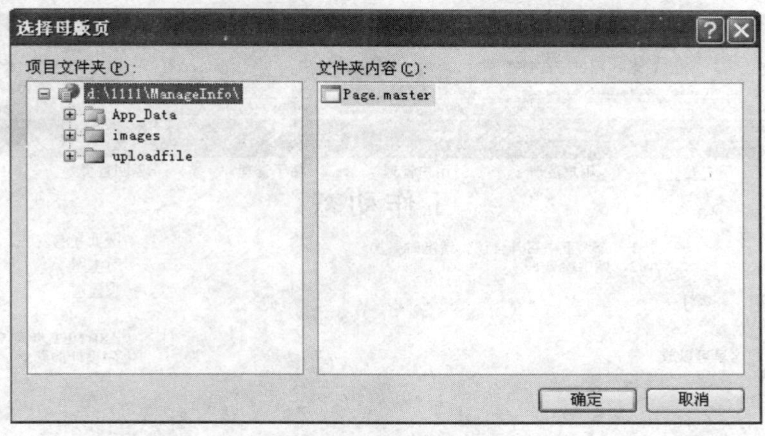

图 8-26　选择母版页

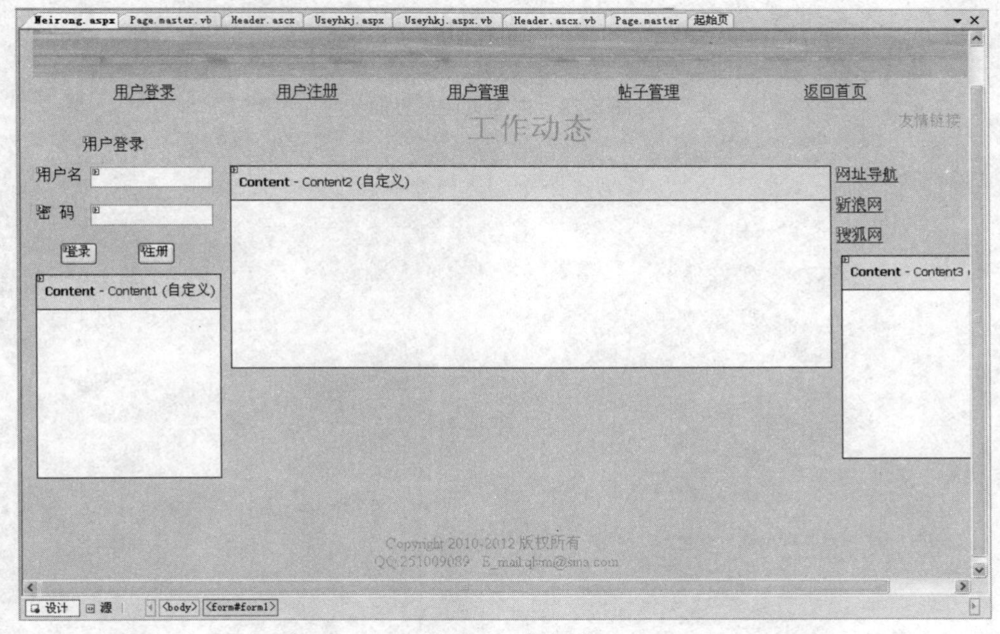

图 8-27　内容页

（4）在内容页（Neirong.aspx）的三个 Content 中分别输入内容：

Content1：您好！这里可以放置内容！

Content2：1．今天下午召开会议，请准时参加！

2．期中检查！

Content3：ASP.NET 步入 Web 程序设计的殿堂！

（5）保存所有文件，将 Neirong.aspx 设为起始页，运行程序，如图 8-28 所示。

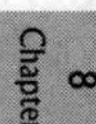

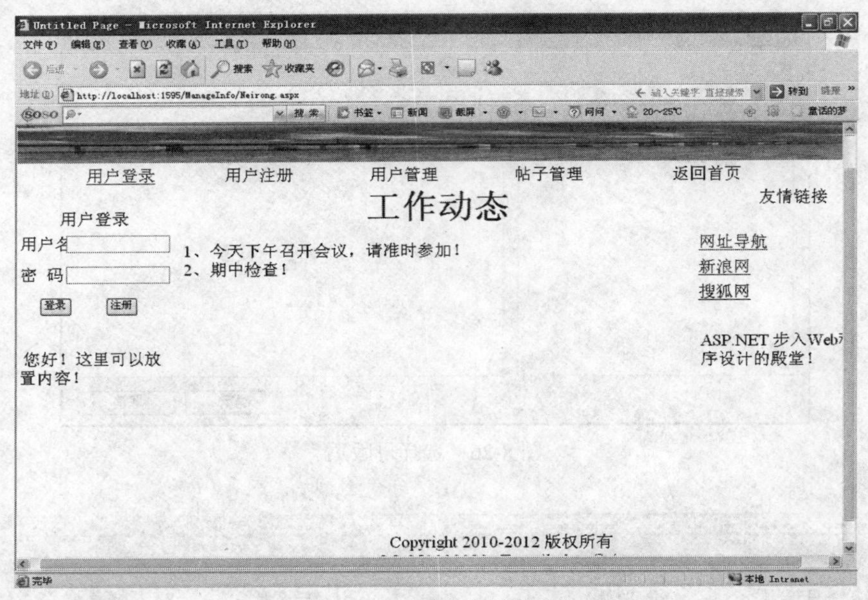

图 8-28　内容页运行界面

9 页面导航

【学习目标】

本章将主要介绍导航控件，这些控件主要用来美化 Web 页，对网站中的页面实行统一化。

- 熟练掌握站点地图。
- 熟练使用导航控件。

9.1 情景分析

无论是小型站点还是大型站点，都包含几个甚至上千个页面，如何在这些页面间建立导航是网站设计中非常重要的一环。以往设计一个导航需要花费大量的时间，ASP.NET3.5 引入的网站导航系统使得这一切变得容易起来。

9.2 站点地图

ASP.NET 2.0 的导航系统的目标是创建一个可以吸引开发人员和 Web 站点设计人员的导航模型。

要为站点创建一致的、容易管理的导航解决方案，可以使用 ASP.NET 站点导航。ASP.NET 站点导航能够将指向所有页面的链接存储在一个位置，并在列表中呈现这些链接，或用一个特定 Web 服务器控件在每页上呈现导航菜单，ASP.NET 中的导航控件主要有 3 种：SiteMapPath 控件、Menu 控件、TreeView 控件。本书将使用这些控件在 ASP.NET 网页上创建菜单和其他导航辅助功能。

9.2.1 TreeView 控件

TreeView 控件以树状结构显示菜单的节点，单击包含子节点的节点，可将其展开或折叠。

TreeView 控件可以自行编辑节点，也可以绑定到站点地图。使用 TreeView 控件可以为用户显示节点层次结构。

【例 9-1】使用 TreeView 控件实现站点导航。具体操作步骤如下：

（1）启动 Visual Studio，新建项目并命名为 NavigationApp。

（2）右击 NavigationApp，为该应用程序添加一些新的 Web 页面，如图 9-1 所示。

图 9-1 NavigationApp 网站结构

（3）单击 Default.aspx 页面，切换到“设计”视图，添加一个 TreeView 控件。

（4）选择 TreeView 控件，单击右上角的小三角形，选择编辑节点，弹出如图 9-2 所示的“TreeView 节点编辑器”对话框，为 TreeView 控件添加根节点和子节点。

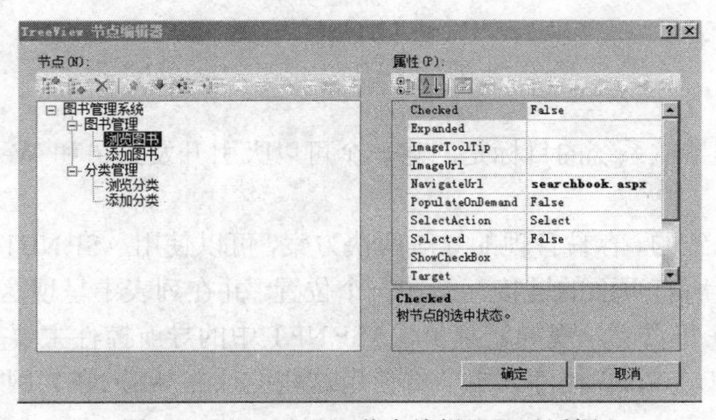

图 9-2 “TreeView 节点编辑器”对话框

注意设置各节点的属性。TreeView 控件中主要的属性有 Text 属性、ImageUrl 属性、NavigateUrl 属性。其中 Text 属性表示节点的名称，ImageUrl 属性表示节点显示的图标，而 NavigateUrl 属性表示单击该节点时跳转的链接页面。

（5）单击“确定”按钮，调整各控件的位置和大小，如图 9-3 所示。

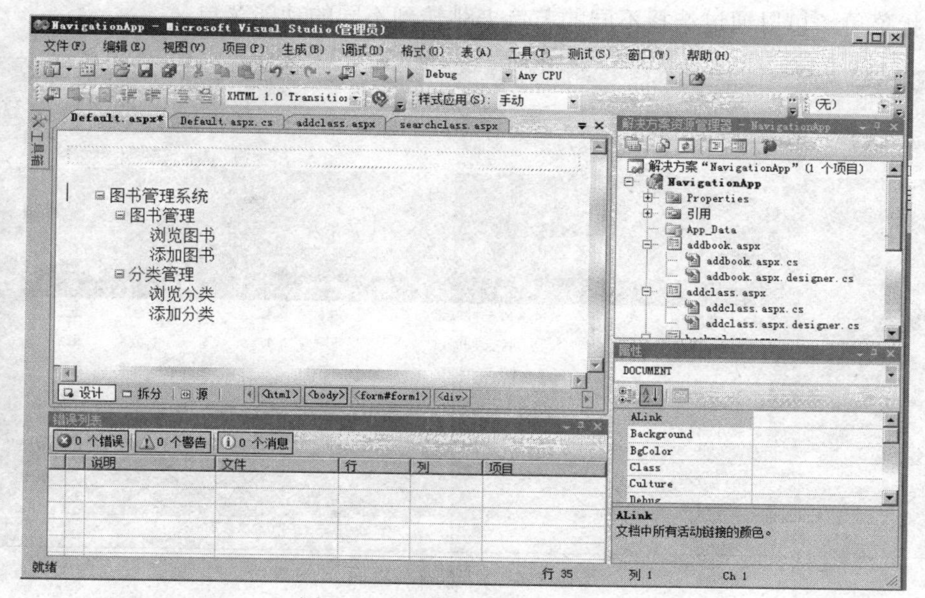

图 9-3　TreeView 控件结果显示

9.2.2　Menu 控件

Menu 控件和 TreeView 控件具有相同的功能，只是外观不同。Menu 控件具有两种显示模式：静态模式和动态模式。静态模式意味着 Menu 控件始终是展开的，整个结构都是可视的，用户可以单击任何部位。在动态显示的菜单中，只有指定的部分是静态的，当用户将鼠标指针放在父节点上时才会显示其子菜单项。

Menu 控件的使用和 TreeView 控件类似，可以直接配置其各节点的内容，也可以使用绑定到数据源的方式来指定其内容。具体操作略（参见 TreeView 控件）。

9.2.3　SiteMapPath

SiteMapPath 控件会显示一个导航控件，此路径为用户显示当前页的位置，并显示返回到主页的路径连接。此控件提供了许多可供自定义连接的外观选项。SiteMapPath 控件包含来自站点地图的导航数据。此数据包括有关网站中页的信息，如 URL、标题、说明和导航层次结构中的位置。若将导航数据存储在一个地方，则可以更方便地在网站的导航菜单中添加和删除项。

9.3 后台管理页面设计

当管理员输入用户名和密码并成功登录后，可以进行后台管理，如图 9-4 和图 9-5 所示，左边是树状菜单，可以通过选择不同的节点来跳转到不同的功能菜单。

图 9-4 浏览图书界面

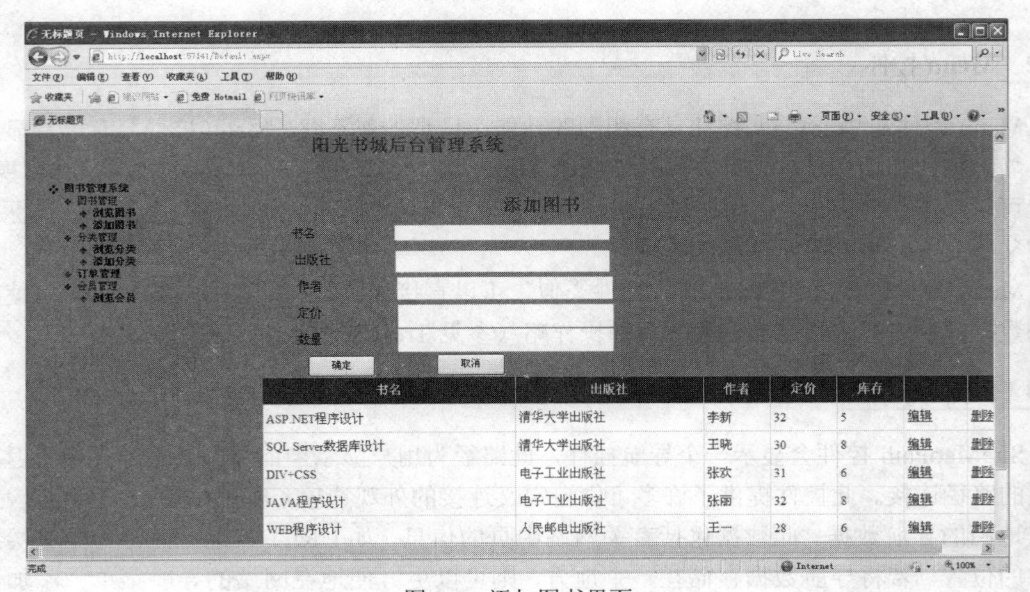

图 9-5 添加图书界面

图书管理模块是书城管理系统中的重要部分。该模块主要用来管理图书信息。

【例 9-2】管理员后台管理浏览图书界面的设计。具体操作步骤如下：

（1）双击图 9-1 中的 Default.aspx，在右侧属性中设置该页面的 BgColor 属性为“#00cc99”。

（2）拖动 Table 控件到 Default.aspx，将 Table 控件修改为 2 行 2 列的表格，然后合并第一行。

（3）在第一行输入“阳光书城后台管理系统”。

（4）拖动例 9-1 中设计好的 TreeView 控件到第二行左边列。

（5）切换到“源”视图，在表格第二行右边列输入：

```
<iframe name="f1" id="I1" frameborder="0" style="width: 1006px; height: 327px; margin-left: 0px;"></iframe>
```

在这里一定要注意设定 iframe 的 Name 属性（这里设置为 f1）。

（6）右击例 9-1 中设计好的 TreeView 控件，选择编辑节点，在弹出的对话框（图 9-6）中分别选择各个子节点，设置右窗口的属性 Target=f1。

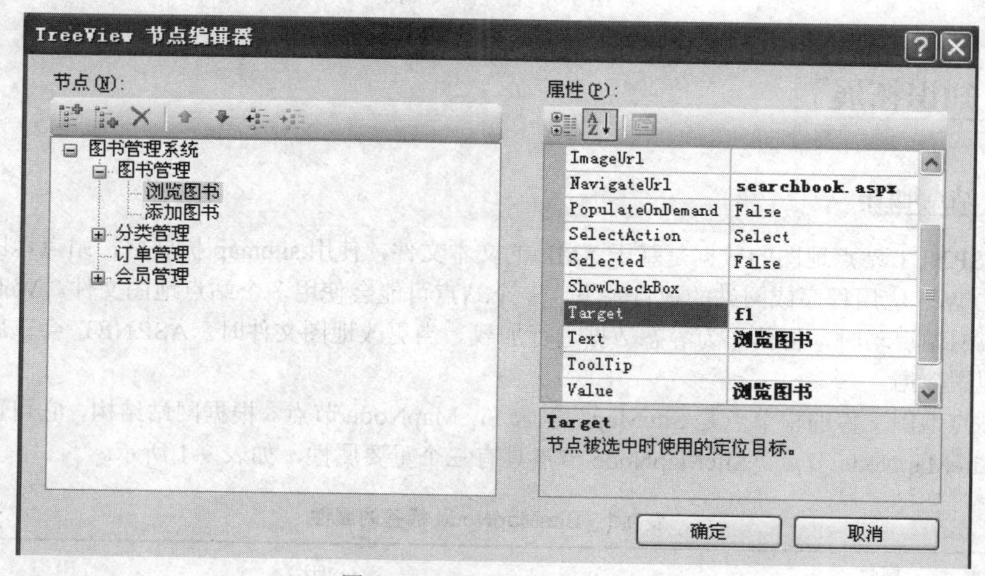

图 9-6 TreeView 节点编辑器

（7）双击图 9-1 中的 Searchbook.aspx，在右侧属性中设置该页面的 BgColor 属性为“#00cc99”。

（8）从工具箱拖动控件 GridView 到设计页面，右击 GridView，在弹出的快捷菜单中选择“编辑节点”命令，设计后如图 9-7 所示。

（9）将 Default.aspx 设为起始页，运行后单击左侧 TreeView 中的“浏览图书”节点，结果如图 9-4 所示。

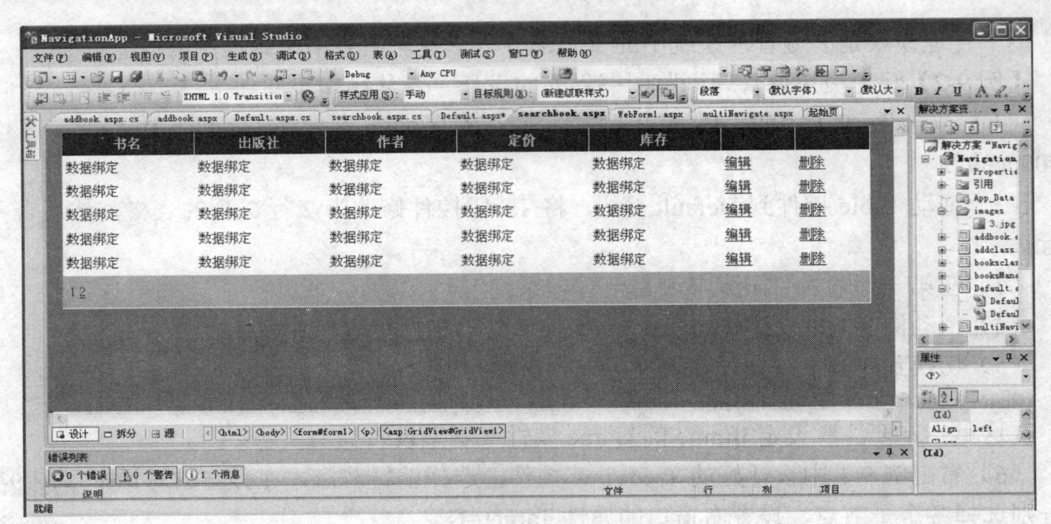

图 9-7　管理图书页面

9.4　知识拓展

9.4.1　站点地图

ASP.NET 站点地图的数据是基于 XML 的文本文件，使用.sitemap 扩展名，站点地图必须保存在 Web 应用程序或网站的根目录下，一个站点可能会使用多个站点地图文件。Web 应用程序或网站启动时，将其作为静态数据进行加载。当更改地图文件时，ASP.NET 会重新加载站点地图数据。

站点地图文件的根节点是 SiteMap，包含 SiteMapNode 节点。根据网站结构，它可以包含若干 SiteMapNode 节点。SiteMapNode 节点具有三个重要属性，如表 9-1 所示。

表 9-1　SiteMapNode 标签的属性

属性	描述
title	显示页面的标题，由导航控件用于显示 URL 的标题
url	显示节点描述的页面的 URL
description	指定页面的描述

【例 9-3】创建站点地图。具体操作步骤如下：

（1）在“解决方案资源管理器”中右击 NavigationApp，在弹出的快捷菜单中选择“添加新项”命令。

在“添加新项”对话框中选择“站点地图”，默认的名称为 Web.sitemap，如图 9-8 所示。

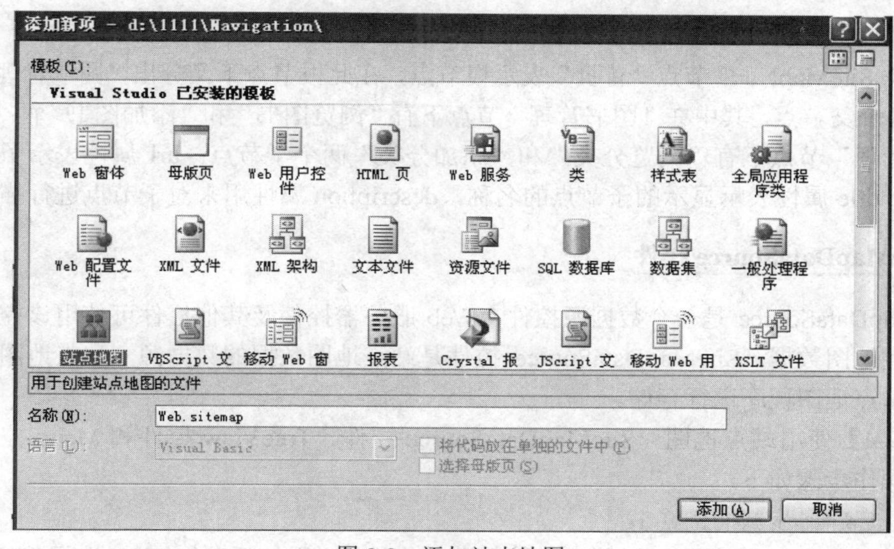

图 9-8　添加站点地图

（2）单击“添加”按钮，即可为此网站添加一个站点地图。

下面代码是 Web.sitemap 的源代码。

```
<?xml version="1.0" encoding="utf-8" ?>
<siteMap xmlns="http://schemas.microsoft.com/AspNet/SiteMap-File-1.0">
<siteMapNode url=""title=""    description="">
<siteMapNode url="" title=""    description="" />
<siteMapNode url="" title=""    description="" />
</siteMapNode>
</siteMap>
```

程序说明：

- <siteMap>为根节点，一个站点地图有且仅有一个根节点。
- <siteMapNode>为页面节点，上面的代码有一个页面节点，页面节点又有两个子节点。

Web.sitemap 源代码就可以改为：

```
<?xml version="1.0" encoding="utf-8" ?>
<siteMap xmlns="http://schemas.microsoft.com/AspNet/SiteMap-File-1.0">
<siteMapNode url="default.aspx" title="首页"    description="">
<siteMapNode url="booksManage.aspx" title="图书管理"    description="">
<siteMapNode url="searchbook.aspx" title="浏览图书"description="" />
<siteMapNode url="addbook.aspx" title="添加图书"    description="" />
</siteMapNode>
<siteMapNode url="booksclass.aspx" title="分类管理"    description="">
<siteMapNode url="searchclass.aspx" title="浏览分类"    description="" />
<siteMapNode url="addclass.aspx" title="添加分类"    description="" />
</siteMapNode>
</siteMapNode>
</siteMap>
```

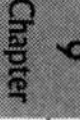

程序说明：

第一个 SiteMapNode 节点“首页”表示根节点，在此根节点下又分出“图书管理”和“分类管理”两个父节点，其中在“图书管理”节点下有“浏览图书”和“添加图书”两个子节点，在“分类管理”节点下有“浏览分类”和“添加分类”两个子节点。url 属性表示子节点要链接的页面，title 属性表示显示的子节点的名称，description 属性用来对子节点进行描述。

9.4.2 SiteMapDataSource 控件

SiteMapDataSource 是一个数据源控件，Web 服务器控件及其他控件可使用该控件绑定到分层的站点地图数据。SiteMapDataSource 控件是站点地图数据的数据源，站点地图则由为站点配置的站点地图程序进行存储。

【例 9-4】使用站点地图、SiteMapDataSource 控件、TreeView 控件和 Menu 控件实现导航。具体操作步骤如下：

（1）～（4）步骤同例 9-3。

（5）右击 NavigationApp，在弹出的快捷菜单中选择“添加新项”命令，选择“Web 窗体”，重命名为 mulitNavigate.aspx 页面，切换到“设计”视图，添加一个 SiteMapDataSource 控件、TreeView 控件、Menu 控件和 SiteMapPath 控件。

（6）切换到“源”视图，为 TreeView 控件、Menu 控件分别添加属性 DataSourceID=" SiteMapDataSource1"，结果如图 9-9 所示。

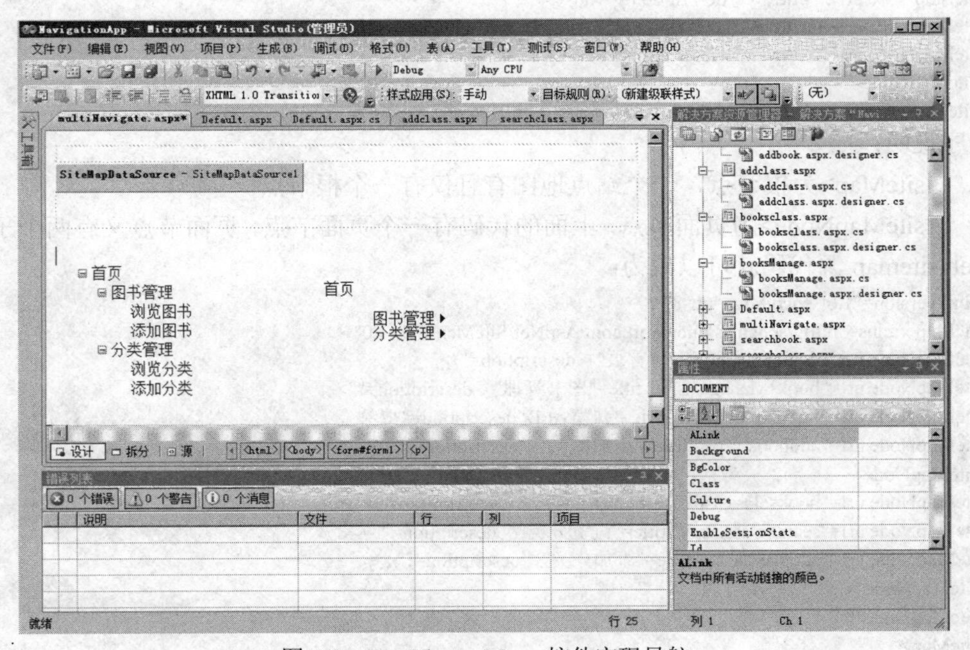

图 9-9 TreeView、Menu 控件实现导航

Menu 控件提供静态和动态混合的菜单功能。在向页面添加这个控件的时候，开发人员可以选择将它设置为一个完全动态的菜单，以便整个站点的导航结构都可以显示在菜单中，类似于 Windows 中的“开始”菜单。另一种选择是，可以采取一种更传统的方法，使用固定菜单，或者使用混合这两种功能的方法。

本例中，Menu 控件使用混合的方式，设置 StaticDisplayLevels 属性为 2，那么 1～2 级的节点都会静态显示在页面里，3 级以下的节点则浮动显示（鼠标移到某个 3 级节点上时才显示），当然也可以将 StaticDisplayLevels 属性改大一点，如设置为 3（默认是 1）。

10 综合实例编程

【学习目标】

结合网站开发具体要求和软件工程思想，本章通过介绍一个具体网站开发案例来综合课程知识点，阐述网站开发的真实过程和方法。本章不仅给出系统设计的技术方法，还引入了软件开发项目管理的理念，详细描述了一个企业网站开发项目实施的具体步骤。

- 巩固提高课程所学知识点。
- 熟悉并掌握企业网站开发的具体过程和实施方法。

10.1 情景分析

随着互联网的日益普及，各个公司企业纷纷在互联网上开设了网站，并利用网站对外展示公司形象、发布产品信息、收集用户反馈信息，以及尝试利用网络进行产品销售等。

我们结合某汽车美容公司的实际开发案例，按照网站具体功能模块划分展开描述（图10-1）。该网站主要包含以下内容：

- 公司概况：主要介绍该公司概况和公司经营范围等。
- 新闻中心：提供该公司的最新新闻动态及汽车行业新闻等。
- 服务项目介绍：介绍该公司的服务项目及各个服务项目的详细内容。
- 服务收费标准：介绍该公司各服务项目的收费情况。
- 优秀员工：介绍公司优秀员工的相关情况和业绩，让客户更加了解公司和公司员工。
- 会员中心：查询和管理会员相关信息，记录会员历史消费记录和最新优惠政策公告等。
- 客户留言：顾客通过留言对公司服务的反馈及公司对顾客留言的再反馈。

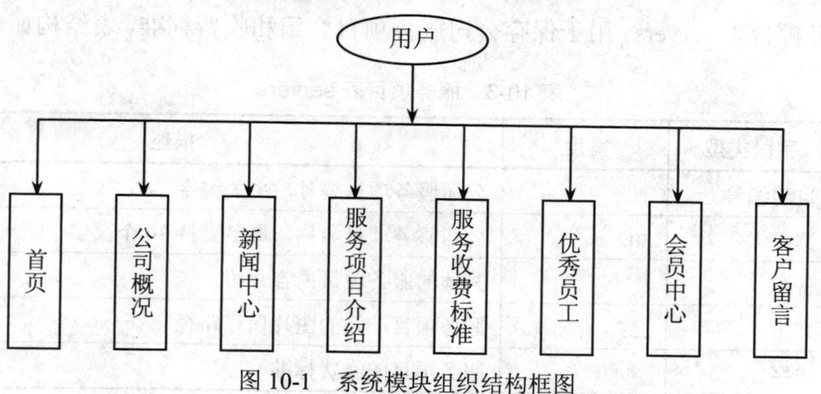

图 10-1 系统模块组织结构框图

10.2 数据库设计

考虑到网站的规模和实际需求，网站设计和开发过程中采用 Access 创建数据库，储存相关数据。根据网站开发需要，该网站涉及的数据表主要有公司信息表、新闻表、服务项目表、会员信息表、消费记录表和留言表等。另外，根据数据库设计思想，结合消费记录表、服务项目表和会员信息表建立了一个会员消费记录的查询。

（1）公司信息表 computer。用于储存关于公司介绍的相关信息，表的结构如表 10-1 所示。

表 10-1 公司信息表 computer

字段名	字段类型	宽度	描述
cid	自动编号		公司介绍编号，主关键字
ctitle	文本	18	公司介绍标题，最多支持 18 个汉字
ctext	备注		具体的公司介绍内容
cpic	文本	255	公司介绍涉及的图片保存路径

（2）新闻表 news。用于储存公司和行业的最新动态新闻，表结构如表 10-2 所示。

表 10-2 新闻表 news

字段名	字段类型	宽度	描述
nid	自动编号		新闻编号，主关键字
ntitle	文本	30	公司新闻标题，最多支持 30 个汉字
ncontent	备注		具体的公司新闻内容
npic	文本	255	公司新闻涉及的图片保存路径
Ndate	日期/时间		发布新闻的时间，默认为当前系统时间

（3）服务项目表 servers。用于保存公司服务项目介绍和收费标准，表结构如表 10-3 所示。

表 10-3　服务项目表 servers

字段名	字段类型	宽度	描述
sid	自动编号		公司服务项目编号，主关键字
stitle	文本	30	公司服务项目名称，最多支持 30 个汉字
stext	备注		具体的服务项目内容介绍
spic	文本	255	服务项目涉及的图片保存路径
sprice	数字		服务项目的收费标准

（4）会员信息表 members。用于保存会员和车辆相关信息，表结构如表 10-4 所示。

表 10-4　会员信息表 members

字段名	字段类型	宽度	描述
mid	自动编号		会员编号，主关键字
mname	文本	20	会员名称，最多支持 20 个汉字
mpwd	文本	30	会员系统登录密码
mcarname	文本	20	会员车辆名称，最多支持 20 个汉字
mcartype	文本	20	会员车辆类型，默认“小轿车”
mcarpic	文本	30	会员车辆照片保存路径
mmoney	数字		会员账户上当前的金额，默认值为 0 元

（5）消费记录表 pays。用来保存会员的消费记录，表结构如表 10-5 所示。

表 10-5　消费记录表 pays

字段名	字段类型	宽度	描述
pid	自动编号		消费记录编号，主关键字
serid	数字		服务项目编号，作为 servers 表的外关键字
memid	数字		会员编号，作为 members 表的外关键字
pcheap	数字		会员优惠金额，默认值为 0 元
pdate	日期/时间		消费时间，默认值为当前系统时间

（6）留言信息表 messages。用来保存用户的留言信息，表结构如表 10-6 所示。

表 10-6 留言信息表 messages

字段名	字段类型	宽度	描述
mesid	自动编号		留言编号，主关键字
mesname	文本	30	留言标题，最多支持30个汉字
mestext	文本	255	留言内容，最多支持255个
mesreback	文本	255	管理员回复留言内容，最多支持255个

会员消费记录查询：结合消费记录表、服务项目表和会员信息表记录信息，建立会员消费记录查询。具体的SQL查询内容如下：select pid，mid，mname，stitle，sprice，pcheap，pdate from members，pays，servers where mid=memid and sid=serid order by pid desc。

10.3 公用文件

由于网站中的很多页面有一些共同的内容，如网页的页头和页脚等。同时，网页在对后台数据库的访问时，用到的数据访问代码也有很多相同和相似的地方。在网站开发过程中，我们从网站配置文件、样式文件、用户自定义操作类和用户控件等方面着手，大大减少了代码书写的重复率，提高了网站代码的执行效率。

10.3.1 配置文件

为了方便网站的后期开发和管理，我们在公司网站的配置文件Web.config中设置了Access数据库连接字符串。

打开网站配置文件Web.config，在Configuration节中的<appSettings>和</appSettings>节中添加连接数据库字符串<add key="acon" value="Provider=Microsoft.Jet.OLEDB.4.0;Data Source=|DataDirectory|mycars.mdb"/>。其中，key属性用来表示连接关键字，value属性用来设置Access数据库连接字符串。

10.3.2 样式和外观文件

为了保证整个网站所有页面的风格统一，网站在设计过程中采用了统一的CSS样式文件。通过在样式文件中定义文本、超链接、图片和按钮等元素的相关属性，在设计页面时引入样式文件，并设置控件的样式属性，即可快速完成样式的设置。下面以设置按钮风格为例进行简要介绍。

（1）建立一个样式文件mycss.css，在文件中输入样式代码，如图10-2所示。

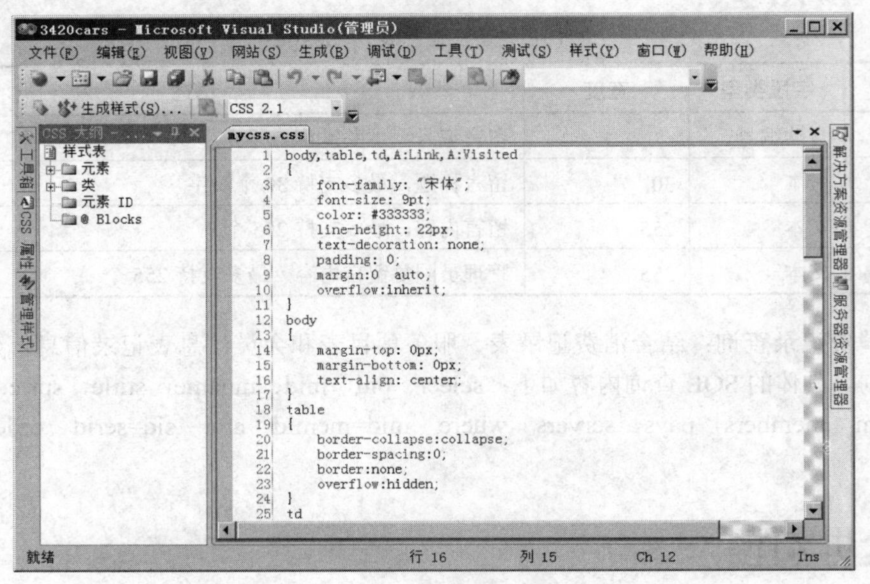

图 10-2　mycss 样式文件

（2）在网页的<head>节中输入应用代码<link href="mystyle.css" rel="stylesheet" type="text/css" />。

（3）设置 button 按钮控件的 CSSClass 属性为样式文件名“button”即可。

10.3.3　自定义操作类

为了提高网站后台代码使用的重用率，在网站开发代码中设置了一个用户自定义操作类文件 oper。通过在类文件中编写相应的代码，完成数据库连接和表记录的查询、添加、修改、删除等操作，常用代码介绍如下。

1．数据库连接 createconn()

```
public static OleDbConnection createconn()
{
    return new OleDbConnection(ConfigurationManager.AppSettings["acon"]);
}
```

该方法采用无参数调用，返回 OleDbConnection 类型的数据库连接。这部分内容要与 Web.config 配置文件中<appSettings>节的“<add key="acon" value="Provider= Microsoft.Jet. OLEDB.4.0;Data Source=|DataDirectory|mycars.mdb"/>”内容相对应，这样才能保证数据库连接的正常使用。

2．数据表查询 dt()

```
Public   static   DataTable   dt(string   query)
{
    OleDbConnection   con = oper.createconn();
    OleDbDataAdapter   oda = new   OleDbDataAdapter(query, con);
```

```
        DataSet    ds = new    DataSet();
        oda.Fill(ds, "anounce");
        return    ds.Tables["anounce"];
}
```

使用 SQL 结构化查询语言中的 Select 语句作为实参进行调用，返回一个 DataTable 类型的数据表，如 select * from members。

3. 记录行查询 dr()

```
Public    static    DataRow    dr(string query)
{
        OleDbConnection con = oper.createconn();
        OleDbDataAdapter sda = new OleDbDataAdapter(query, con);
        DataSet ds = new DataSet();
        sda.Fill(ds, "anounce");
        return ds.Tables["anounce"].Rows[0];
}
```

使用 SQL 结构化查询语言中的 Select 查询单行记录的语句作为实参进行调用，返回 DataRow 类型的数据记录行，如 select top 1 * from members where mname='张三'。

4. 表记录操作 opertb()

```
Public    static    void    opertb(string insertstr)
{
        OleDbConnection con = oper.createconn();
        using (con)
        {
                con.Open();
                OleDbCommand cmd = new OleDbCommand(insertstr, con);
                cmd.ExecuteNonQuery();
        }
}
```

使用 SQL 结构化查询语言中的操作命令语句（insert、update 和 delete）作为实参进行调用，完成对数据表记录的添加、修改或者删除等操作，如 insert into members(mname,msex) values("李四","男")、update mname='张三' where name='李四'和 delete from members where mname='张三'。

10.3.4 用户自定义控件

由于网站大多数页面的页头、页面导航、站内搜索和页尾部分内容相同，采用用户自定义控件可以实现一次制作多次调用，提高代码重用率，大大提高了工作效率。从而，我们在网站开发过程中制作了大量的用户控件文件，如页头、页尾和站内搜索等。这里我们以站内搜索为例进行介绍，其他自定义控件用户可以参考网站源代码。

（1）在网站站点文件中添加用户控件，并命名为 search.ascx。

（2）打开 search.ascx 文件，在页面中添加相应的控件，如图 10-3 所示。

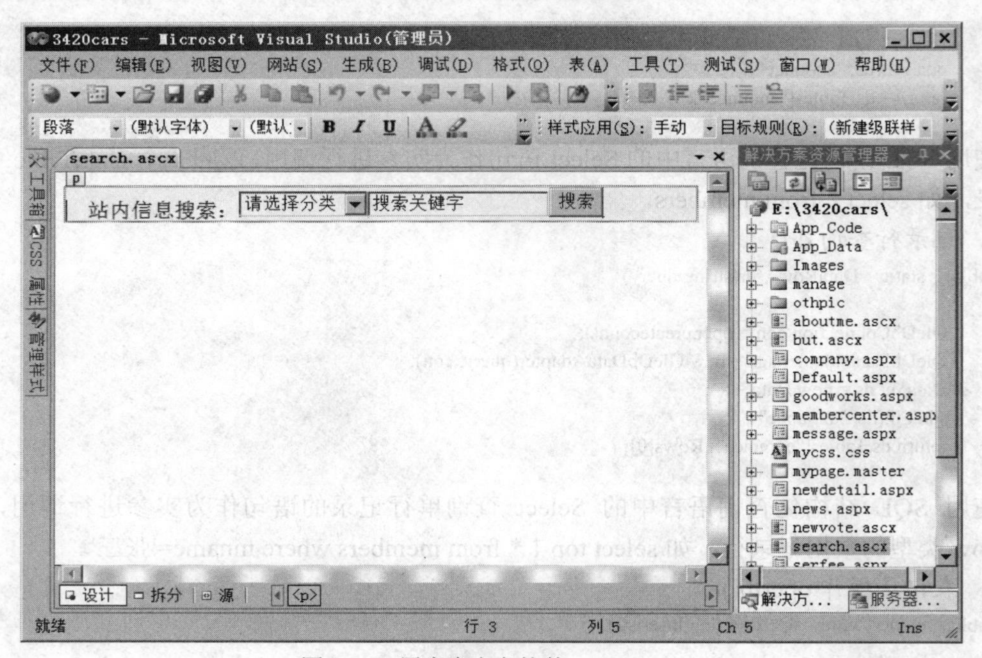

图 10-3　用户自定义控件 search.ascx

（3）设置页面中控件的样式，并编写“搜索”按钮的 Click 事件代码如下：

```
protected void btnsea_Click(object sender, EventArgs e)
{
    string seakey = this.seakey.Text;
    Session["seastr"] = "select * from "+ this.ddlid.SelectedValue.Trim() +" where filename like '%" + seaid + "%'";
    Response.Redirect("searesult.aspx");
}
```

（4）将用户控件添加到网站的其他相关页面，从而实现页面对用户控件进行引用。

10.4　主要功能界面设计

本节主要介绍网站界面设计的实现过程，考虑到前面已设计的用户自定义控件，以及网站模板的作用与功能，在此介绍网站母版设计和网站首页设计，其他内容可以参考网站代码源文件。

10.4.1　设计母版页 MyPage.master

考虑到网站中多数页面都存在相同或者相似的结构，网站开发过程中，我们除了使用用户控件外，还设计了网站母版。具体操作步骤如下：

（1）在网站站点文件中添加母版页，并将其命名为 MyPage.master。

（2）在母版页的最上面和最下面放入用户控件 top.ascx 和 but.ascx，从而母版页上显示网站导航和下面的版权信息。

（3）在用户控件 top.ascx 和 but.ascx 的中间位置放入一个 1 行 2 列的 Table 控件，并在左边的单元格中放入一个 ContentPlaceHolder 控件。

（4）在表格右边单元格中依次放入用户控件 search.ascx、表格和用户控件 servs.ascx，并在中间的表格中添加一个 ContentPlaceHolder 控件。

（5）设置页面格式并保存，最终效果如图 10-4 所示。

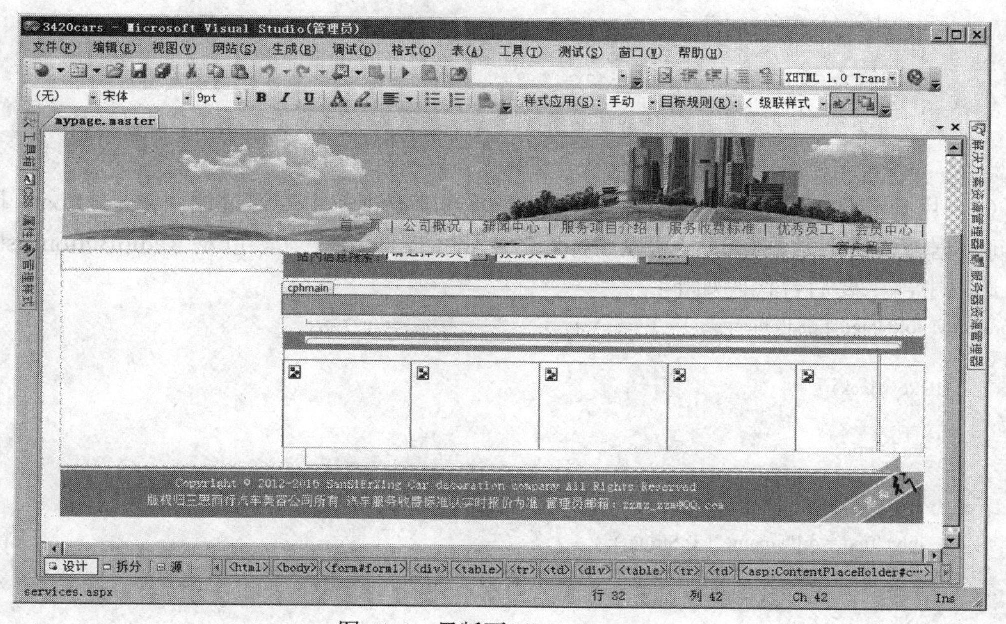

图 10-4　母版页 MyPage.master

10.4.2　设计首页 Default.aspx

（1）在网站站点文件中添加一个 Web 窗体，并命名为 Default.aspx，选择母版页 MyPage.master。

（2）在 Default.aspx 页的左边 ContentPlaceHolder 控件中，依次添加两个用户控件 topnews.ascs 和 newvote.ascs；在右边 ContentPlaceHolder 控件中添加一个 Label 控件。

（3）用户控件 topnews.ascs 用于显示公司的最新动态，主要通过调用 Page_Load 事件代码访问数据库，读取数据库中公司新闻显示在 GridView 控件的 gdvnews 中，主要后台代码如下：

```
protected void Page_Load(object sender, EventArgs e)
{
    DataTable dt = oper.dt("select top 4 * from news order by nid desc");
    gdvnews.DataSource = dt;
```

```
        gdvnews.DataKeyNames = new string[] { "nid" };
        gdvnews.DataBind();
    }
    protected void gdvnews_RowDataBound(object sender, GridViewRowEventArgs e)
    {
        if (e.Row.RowType == DataControlRowType.DataRow)
        {
            HyperLink hpl = (HyperLink)e.Row.FindControl("HyperLink1");
            if (hpl.Text.Length >= 18)
            {
                hpl.Text = hpl.Text.Substring(0, 17) + "...";
            }
        }
    }
```

（4）用户控件 newvote.ascs 用于显示服务满意度调查，主要通过调用 Page_Load 事件代码访问数据库，读取数据信息显示投票标题的 Label 控件 lblvt 上，以及 RadioButtonList 控件 rdbld 选项中，主要后台代码如下：

```
    protected void Page_Load(object sender, EventArgs e)
    {
        if (!IsPostBack)
        {
            Int32 vtid;
            string sql0 = "select top 1 * from vtitle order by vtid desc";
            DataRow dr = oper.dr(sql0);
            lblvt.Text = dr["vtname"].ToString();
            vtid = Convert.ToInt32(dr["vtid"].ToString());

            string sql1="select * from vdetail where vtid="+vtid;
            DataTable dt = oper.dt(sql1);
            rdbld.DataSource = dt;
            rdbld.DataTextField = "vdname";
            rdbld.DataValueField = "vdid";
            rdbld.DataBind();
        }
    }
```

（5）页面中间的公司简介采用一个 Label 控件，通过 Page_Load 事件代码读取数据库内容，主要后台代码如下：

```
    protected void Page_Load(object sender, EventArgs e)
    {
        string sql0 = "select ctext from company where cid=1";
        lblcon.Text = oper.findstr(sql0).Substring(0, 380).Replace("<br/>", "") + "...[<a href='company.aspx'>详细介绍</a>]";
    }
```

（6）设置页面其他具体格式并保存，最终效果如图 10-5 所示。

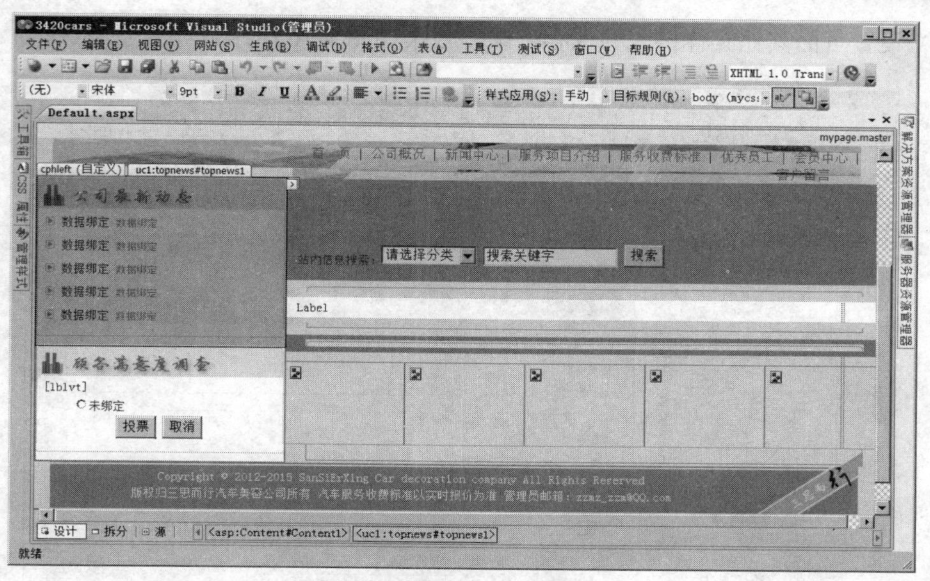

图 10-5　网站首页 Default.aspx

10.4.3　客户留言 Message.aspx

（1）在网站站点文件中添加一个 Web 窗体，命名为 message.aspx，并选择母版页 MyPage.master。

（2）在页面左边的 ContentPlaceHolder 控件中添加一个表格，用于撰写用户留言。在表格中依次添加 Label 标签、TextBox 文本框、Button 按钮等控件，并设置相应属性。

（3）双击 Button 控件，输入后台代码如下：

```
protected void Button1_Click(object sender, EventArgs e)
{
    string sql0 = "insert into messages(mesname,mestext) values('" + TextBox1.Text + "','" + TextBox2.Text + "')";
    oper.opertb(sql0);
    Response.Redirect("message.aspx");
}
```

（4）在页面右边的 ContentPlaceHolder 控件中添加 DataList 控件，用于显示用户留言，并编辑 DataList 控件模板，在其 ItemTemplate 编辑项中添加一个 Table 控件，并在相应的行中添加 Label 控件，再分别输入绑定后台数据库字段，如<%#Eval("mestime")%>等。

（5）双击页面空白处，输入 Page_Load 事件代码如下：

```
protected void Page_Load(object sender, EventArgs e)
{
    string sql0 = "select * from messages order by mesid desc";
    DataList1.DataSource = oper.dt(sql0);
    DataList1.DataBind();
}
```

（6）设置页面其他具体格式并保存，最终效果如图 10-6 所示。

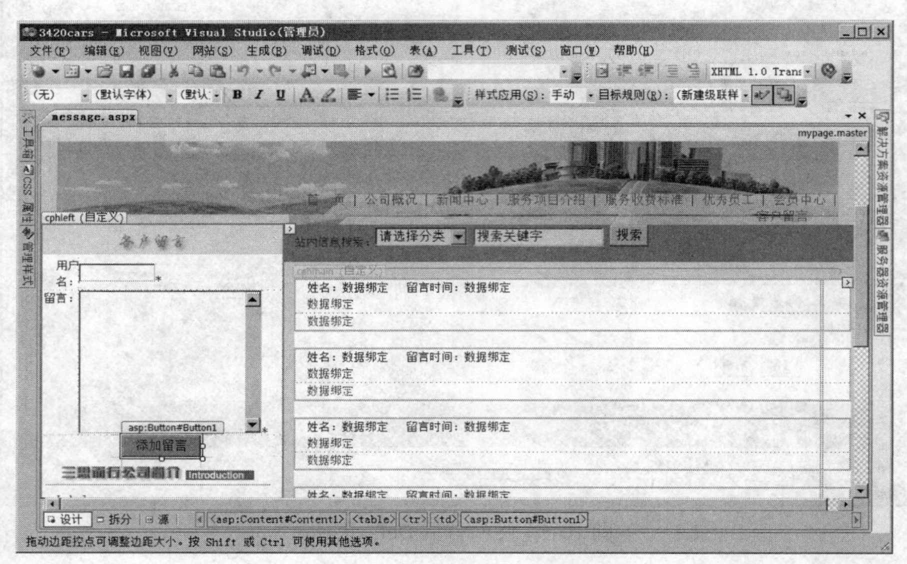

图 10-6 客户留言 Message.aspx 页面

网站其他页面设计与上述内容大同小异，这里不再赘述，需要查看的部分可以参考本书配套网站代码。

参考文献

[1] 李萍．ASP.NET（C#）动态网站开发案例教程[M]．北京：机械工业出版社，2011．
[2] 顾韵华．ASP.NET 2.0 实用教程（第 2 版）[M]．北京：电子工业出版社，2009．
[3] 耿超．ASP.NET 4.0 网站开发实例教程[M]．北京：清华大学出版社，2013．
[4] 房大伟．ASP.NET 开发实战 1200 例（第 2 卷）[M]．北京：清华大学出版社，2011．
[5] 李锡辉．ASP.NET 网站开发实例教程[M]．北京：清华大学出版社，2011．